AF588810

ASSOCIATION RURALE DE NAZ.

DES PRINCIPES

QUI DOIVENT DIRIGER

LES

Propriétaires de Troupeaux

DANS LE CHOIX DU BÉLIER,

ET

DES ERREURS QU'IL LEUR IMPORTE D'ÉVITER, EN CE QUI TOUCHE L'ADOPTION DE TEL OU TEL SYSTÈME D'AMÉLIORATION.

PARIS,

MADAME HUZARD (NÉE VALLAT LA CHAPELLE),

LIBRAIRE, RUE DE L'ÉPERON, N°. 7.

1829.

DES PRINCIPES

QUI DOIVENT DIRIGER

LES

PROPRIÉTAIRES DE TROUPEAUX

DANS LE CHOIX DU BÉLIER (1)

ET LES ERREURS QU'IL LEUR IMPORTE D'ÉVITER, EN CE QUI TOUCHE L'ADOPTION DE TEL OU TEL SYSTÈME D'AMÉLIORATION.

Il y a long-temps qu'on se demande quelles sont les causes auxquelles il faut attribuer la prééminence de beauté et de finesse que l'on ne peut refuser aux laines de certaines contrées, comparées à celles d'autres pays; mais ce n'est que depuis peu d'années que cette question a pu être résolue d'une manière satisfaisante.

Autrefois, les laines d'Espagne passaient pour les plus belles du monde; on attribuait uniquement leur supériorité au climat et aux pâturages de certaines provinces de ce royaume, ainsi qu'aux habitudes de transhumance des troupeaux qu'elles nourrissaient. La race mérinos, qui s'y perpétuait, ayant une origine peu connue, on était tenté de croire qu'avec le temps elle avait pu acqué-

---

(1) Nouvel Extrait des notes qui doivent servir à la rédaction de la deuxième partie du *Nouveau Traité sur la laine et les moutons*. Huzard, 1824.

rir, par les seules influences de localités, toutes les qualités qui la distinguaient dans ses diverses variétés. De là ce préjugé qui, si long-temps, s'opposa à la multiplication des mérinos en France, et qui n'a cédé qu'avec tant de peine à l'évidence des faits... « C'est en » vain, disait-on, que l'on fera passer les Pyrénées aux » mérinos... ; tant qu'on n'apportera pas avec eux le » climat et les pâturages d'Espagne, on sera certain de » les voir dégénérer dans leur reproduction... : en Pi- » cardie, ils ne donneront, dans quelques années, que » de la laine picarde ; en Berri, que de la laine du » Berri ; en Roussillon, que de la laine du Roussillon...; » le caractère mérinos s'effacera ainsi partout pour ne » plus laisser paraître que celui qui sera propre à chaque » province... » Quant à l'influence du sang, c'est à dire de la race, elle était à peu près comptée pour rien... ; et aujourd'hui encore combien ne voit-on pas de propriétaires n'attribuer qu'aux seules influences locales le plus ou moins de réputation dont jouit telle ou telle de nos provinces, pour la production des laines... ?

Cette opinion n'est pas celle des éleveurs éclairés tant français qu'étrangers... Sans refuser au climat et au sol une certaine influence sur la reproduction des bêtes à laine et sur la qualité de leurs toisons, ils ne considèrent cette influence que comme indirecte et secondaire, tandis qu'ils placent *en première ligne* celle de l'étalon ou de la race, et la regardent comme d'autant plus directe et décisive, que le sang est plus ancien, et a acquis davantage cette habitude de *constance* sans laquelle on ne peut espérer de fixer le type qu'on s'est efforcé d'obtenir par les croisemens les mieux conçus.

Les diverses races constantes de bêtes à laine existantes aujourd'hui sur la surface du globe, étant probablement originaires d'un petit nombre de types primitifs, si ce n'est même d'un seul, on peut, sans doute, croire que l'infinie variété des signes caractéristiques qui les distinguent à nos yeux a été, en partie, le résultat des habitudes que les diverses familles ont contractées par suite de leur séjour sous tel ou tel climat, sur telle ou telle nature de sol, comme aussi par l'influence des différens modes d'éducation en usage chez les peuples pasteurs; mais l'éleveur a peu à s'occuper de ces causes, dont les effets ne se manifestent qu'après une longue suite de siècles, et qui peut-être même n'agissent que lorsqu'on a laissé la nature présider seule à la reproduction sans chercher à la diriger vers un but quelconque d'amélioration; il lui suffit de reconnaître que le régime du troupeau influe notablement sur la qualité du lainage, et que c'est précisément en ceci que le sol et le climat peuvent exercer cette influence que nous venons d'appeler indirecte et secondaire : car, il est tout naturel que là où le sol est pauvre et le climat brûlant, la nourriture soit peu abondante et souvent même insuffisante pour les véritables besoins de l'animal; tandis que là où le sol est riche et le climat favorable à la végétation, la nourriture est non seulement suffisante, mais encore trop souvent surabondante.

Ainsi, au lieu de dire : *le sol et le climat font la qualité de la laine*, il serait plus exact de dire : *la qualité de la laine est due d'abord à l'étalon et ensuite au régime*, lequel doit être modifié suivant les circonstances de localités.

En effet, si l'étalon est bien choisi, et si le régime est convenablement réglé, on voit le mérinos réussir également sous toutes les latitudes, dans des contrées dont le sol ne présente que peu ou point d'analogie... : ainsi, en Espagne, dans les diverses parties de la France, en Allemagne, en Suède, en Russie, dans les Terres australes, etc.

Tout cela n'empêche pas qu'il n'y ait des situations plus ou moins favorables à l'éducation des troupeaux, tant sous le rapport de l'économie de la production que sous celui de la santé et de la longévité des animaux, comme aussi sous celui des soins plus ou moins coûteux, plus ou moins faciles à prendre pour préserver la laine de toute détérioration pendant le temps de sa croissance sur le dos du mouton; mais il est démontré qu'avec certaines précautions, des modifications raisonnées dans le régime, et des étalons purs et distingués, on pourrait, *dans la localité la moins favorable*, obtenir les plus beaux résultats; tandis que, dans le lieu le plus heureusement choisi, on verrait la race la plus précieuse dégénérer, si elle était abandonnée à elle-même, si l'étalon cessait d'être choisi dans des vues de perfectionnement fixes et méthodiques, et si le régime était mal entendu.

Rien de plus modifiable que la race ovine, tant sous le rapport de sa conformation que sous celui du caractère de son lainage; avec divers systèmes de croisemens bien arrêtés, et suivis avec quelque persévérance, on peut créer une infinie variété de races, qui, au bout d'un certain nombre d'années, deviendront *constantes* dans leur reproduction, tout comme celles qui existaient avant elles. Ainsi, on peut, à son gré, abaisser ou élever la taille, diminuer ou augmenter le poids de la charpente osseuse, affiner la toison ou la rendre plus grossière, en raccourcir ou en alonger la mèche, rendre le brin plus ondulé ou plus lisse, plisser la peau et l'alonger en nappes flottantes sur plusieurs parties du corps, ou faire disparaître plis, colliers, jabots, etc., etc., et tout cela en accouplant toujours entre eux les individus présentant le plus de propension au développement des caractères que l'on recherche.

Les étrangers ont poussé fort loin ces expériences diverses sur la reproduction des races d'animaux domestiques, et il n'est personne qui n'ait entendu parler des travaux et des succès des Backwell, des Henry Cline, etc. En France, les recherches pratiques ont été moins savantes et moins méthodiques... ; mais les divers systèmes qui ont été appliqués à l'éducation des troupeaux, trop souvent sans calculs et tant soit peu à l'aveugle, quelquefois aussi dans des vues plus positives, ont amené des résultats très dignes de remarque, et dont la science peut faire son profit.

Nous nous contenterons d'indiquer ici quelques faits principaux qui sont à observer dans ce qui s'est passé en France depuis l'introduction des mérinos.

Là où la nourriture a été surabondante par l'effet naturel de la richesse du parcours et du défaut d'économie dans la fixation de la ration au râtelier, et sans qu'on ait attaché d'importance à choisir le bélier dans telle ou telle vue d'amélioration, les dimensions de l'animal se sont accrues par la tendance à l'embonpoint, dont l'habitude s'est transmise de génération en génération. Quant à la qualité du lainage, par la raison même qu'on s'en est peu occupé en choisissant l'étalon, et qu'on n'a ainsi songé ni à étudier le type de laine qu'on devait s'efforcer de produire, ni à s'enquérir des qualités de pureté et de constance qu'on devait exiger de l'étalon offrant ce type, ni à mettre, tous les ans, dans la poursuite de son but la fixité de principes et la persévérance indispensables, on a dû nécessairement errer à l'aventure sous la seule influence permanente de la surabondance de nourriture, qui, en grossissant les formes et en poussant l'animal à la graisse, tendait incessamment à grossir aussi le brin de sa laine. En effet, on a pu remarquer dans les troupeaux trop nourris et conduits dans cette absence de toute méthode un amalgame de types de lainage très variés, présentant, d'une année à l'autre, des nuances marquées de finesse et de qualités différentes, suivant que le hasard avait fait employer des béliers de telle ou telle race pure ou métisse et pourvus de tel ou tel caractère de laine; mais, d'ailleurs, une augmentation de taille plus ou moins notable, en même temps qu'une tendance à rétrograder de plus en plus quant au perfectionnement de la toison.

Toujours dans ces mêmes localités, riches en moyens de nourrir, il y a eu, dans les bergeries notoirement pures, comme celle de Rambouillet et quelques autres, dans lesquelles aucun bélier étranger n'a été introduit; il y a eu, disons-nous, plus de fixité dans les vues; mais le but qu'on s'est proposé en général a été d'obtenir, *sur le même individu,* tout à la fois plus de chair et de laine et autant de finesse : pour atteindre ce but, on a pensé qu'il fallait nourrir abondamment le troupeau, et ne mettre à sa monte que les plus gros béliers. Malgré qu'on se fût promis de ne pas perdre de vue la finesse, on n'avait nullement songé à la perfectionner; tout ce qu'on espérait, c'était de la maintenir au point où elle était à l'arrivée des mérinos en France; peut-être même ne soupçonnait-on pas qu'on pût l'augmenter et faire jamais des qualités plus fines que les belles léonaises, qui passaient alors pour le type de laine le plus parfait qu'il y eût au monde. Engagé dans ce système dangereux de la haute taille et du poids des toisons, on s'était accoutumé à ne juger du mérite de l'étalon que par sa grosseur ; c'était la taille *avant tout* qu'on estimait. A force d'augmenter la ration de l'animal, on lui avait donné des formes nouvelles ; sa peau s'était, en plusieurs parties du corps, épaissie et plissée outre mesure ; les colliers et les fanons pendans passaient pour le type de la beauté ; à peine se donnait-on la peine d'ouvrir la toison au flanc ou à l'épaule pour juger de sa finesse ; quant à l'égalité dans ses diverses parties, personne ne se doutait même qu'on pût perfectionner l'animal sous ce rapport, auquel on attache aujourd'hui avec raison une si grande importance. Il y avait sûrement alors de grandes nuances de qualités dans les produits des différens troupeaux, même les plus purs ; mais les marchands de laine confondaient sous la dénomination de laine *mérinos*, et payaient au même prix toutes les nuances, ce qui était merveilleusement propre à entretenir l'erreur commune. Enfin tout le système d'éducation consistait dans cette règle : nourrir abondamment et choisir les plus gros béliers. Vainement les partisans et propagateurs de ce système chercheront-ils à se défendre d'avoir donné une fâcheuse impulsion à la production des laines françaises ; vainement essaieront-ils de montrer, par l'examen comparatif de leurs anciens et nouveaux échantillons, que la finesse de leur laine s'est maintenue telle qu'elle fut reçue d'Espagne : on aura toujours à leur reprocher d'être restés en arrière de tout le chemin qu'ils auraient pu faire et que d'autres ont fait ; et si l'on peut croire que, dans les établissemens-modèles, on n'a pas cessé, dans le choix des béliers de monte, d'avoir quelque égard à la finesse de la toison, au moins sera-t-on forcé d'avouer qu'on n'a mis aucune sévérité à faire châtrer les mâles les plus grossiers en laine, qu'on en a non seulement permis, mais encore encouragé la vente publique, et qu'enfin, au lieu de chercher à diriger dans la meilleure voie la marche des cultivateurs, on s'est surtout appliqué à se conformer à leurs caprices et à leurs préjugés, quelque opposés qu'ils fussent au vrai but de l'amélioration.

2°. Là, au contraire, où la pauvreté du sol et la pénurie des fourrages n'ont permis aucun excès de nourriture, c'est en vain qu'on a essayé d'élever la taille : l'emploi des plus gros béliers de Rambouillet n'a produit aucun effet sous ce rapport, par la raison que nous allons expliquer tout à l'heure : l'animal étant resté dans les dimensions que la nature lui avait données, aucune cause directe et permanente n'a pu grossir le brin de sa laine. Si sa finesse a dégénéré, si l'ensemble des toisons a présenté des nuances trop variées de types et de qualités, c'est que les étalons, choisis avec trop peu de soin et de connaissance de la laine, n'ont été ni assez purs ni assez fins ; c'est qu'il n'y avait eu de fixité ni dans les principes ni dans le but, et qu'on a marché au hasard de tâtonnemens en tâtonnemens, prenant tantôt des béliers dans un lieu, tantôt dans un autre, gâtant une année ce qu'on avait fait de bon l'année précédente, etc. Si, au contraire, la finesse et les autres qualités essentielles de la laine se sont maintenues et perfectionnées, c'est qu'on a été plus habile ou plus heureux dans le choix de l'étalon, et qu'on a eu le bon esprit de s'en tenir avec persévérance au type le meilleur.

Ainsi donc, en résumé, on peut dire qu'en France quatre résultats principaux ont été la conséquence des divers systèmes adoptés dans l'éducation des troupeaux.

Presque partout où la nourriture a pu être abondante, on a compté pour rien l'augmentation relative de la consommation de l'animal, et on a poursuivi, aux dépens de la finesse de la laine, les avantages illusoires de la taille et du poids de la toison.

Partout où la pauvreté du sol n'a pas permis de surnourrir, et où l'on n'a pas dirigé avec assez de soin la reproduction vers le but de la finesse, on est, tout au plus, resté stationnaire, si l'on n'a pas rétrogradé.

Mais là où l'on s'est proposé le perfectionnement de la toison et où l'on a mis assez d'importance et de persévérance dans l'emploi des étalons les plus purs en même temps que les plus distingués par la beauté de leur lainage, et dans la mise en pratique d'un régime proportionné aux véritables besoins de l'animal, on a rapidement obtenu les plus heureux succès.

Enfin, au fur et à mesure que le perfectionnement a marché au dedans comme au dehors, les manufacturiers et marchands de laine se sont éclairés et ont assigné dans leur estime aux produits de tels ou tels troupeaux de telle ou telle province, de tel ou tel royaume, un rang très distinct, et par conséquent une valeur très différente : c'est ainsi que se sont classées les laines d'Espagne, les laines de France, celles de Saxe, etc., suivant que la généralité des propriétaires de ces contrées a dirigé la reproduction avec plus ou moins d'habileté ou de bonheur ; c'est ainsi que les plus belles léonaises ont pu tomber au prix de 8 à 10 fr. le kilogramme lavé à chaud, tandis que les primes de France se sont élevées à celui de 15 à 18 fr., et celles qualifiées de superfines à 25, 30 et 35 fr.

Nous avons dit et répété que les avantages de la taille et du poids des toisons étaient illusoires, en ce qu'ils ne s'obtenaient qu'au moyen d'une plus grande consommation relative ; nous avons fait remarquer que le calcul des surfaces démontrait mathématiquement que, loin de produire proportionnellement une plus grande quantité de laine en s'attachant à la haute taille, on devait en produire moins ; nous avons montré qu'une toison qui ne pesait en suint que quatre à cinq livres pouvait donner, après lavage, autant de laine qu'une toison de dix à douze livres, et pouvait valoir, en argent, à cause de sa superfinesse, le double et le triple, outre qu'on pouvait, avec les mêmes frais de nourriture, en produire *trois* contre *deux* des autres ; nous avons persisté à croire que les plus grosses bêtes n'étaient pas les plus fines... ; nos raisonnemens et nos calculs nous paraissent jusqu'à présent n'avoir été nullement réfutés, et cependant beaucoup d'agriculteurs sont restés et resteront encore long-temps partisans de la haute taille ; la plupart d'entre eux, placés pour alimenter en viande les marchés de la Capitale, ne se piquent pas de faire de la laine électorale, mais ils veulent de gros agneaux, de gros moutons de boucherie... Eh bien ! soit... Nous allons entrer dans leurs vues, et nous rechercherons avec eux quels sont les meilleurs moyens d'atteindre le but qu'ils se proposent. Nous sommes même assuré d'avance que, tout en poursuivant ce but, ils pourront encore travailler au perfectionnement de leurs toisons... Ainsi donc, *améliorer les formes, maintenir et élever la taille et affiner en même temps la laine,* voilà le problème à résoudre en leur faveur...

Nous avons vu que, jusqu'à présent, ceux qui s'étaient efforcés d'élever la taille de leurs moutons n'avaient cru pouvoir y parvenir qu'au moyen de l'abondance de la nourriture et par le choix des béliers les plus gros (1) : de ces deux moyens, le premier a été, à notre avis, le seul qui

---

(1) Un troisième moyen a été naturellement employé : c'est le choix

ait eu quelque efficacité; c'est à lui qu'on a dû en grande partie l'élévation de la taille obtenue à Rambouillet et dans quelques autres bergeries; mais il a eu l'inconvénient de nuire à la qualité de la laine, et d'être d'ailleurs très coûteux; ce qui heureusement l'a rendu impraticable dans beaucoup de nos provinces. Quant au second, bien plus nuisible encore à la qualité du lainage, il était, en outre, absolument opposé à l'intention qu'on avait... Ainsi, on était doublement dans l'erreur, puisque, tout en poursuivant un faux but, on ne prenait pas même le chemin qui devait y conduire.

Des expériences nombreuses dont les résultats peuvent être maintenant considérés comme incontestables ont fait voir que, pour perfectionner les formes d'une race d'animaux domestiques et en élever la taille, *il faut accoupler les femelles les plus grandes et les mieux conformées avec des étalons relativement plus petits qu'elles.*

A tous les faits et raisonnemens si remarquables et si concluans qu'on trouve, à ce sujet, dans les ouvrages ou dans la pratique des *Henry Cline*, des *Backwell*, des *Culley*, des *Hunt*, des *Yong*, des *Coventry* et de tant d'autres, et dont le résumé peut se lire dans l'excellent article extrait du *Londons Encyclopedia of agriculture*, imprimé à Londres en 1825, traduit en français par M. Bourdon, élève de Roville (voy. les *Annales de Roville* de 1827 à 1828, page 362), et que nous avions également trouvés dans le neuvième volume du savant journal d'agriculture, qui s'imprime à Baltimore, sous

---

des brebis de la plus forte taille; il aurait été judicieux si l'on en avait usé sans s'écarter des bons principes; mais on ne l'a pas fait, et nous devons confondre ce moyen avec celui de la surabondance de nourriture dont il n'était que le résultat.

le titre du *Fermier américain* (*American Farmer*); à tous ces faits et raisonnemens, disons-nous, nous sommes assez heureux pour pouvoir ajouter d'autres exemples, qui viennent pleinement les confirmer; ces exemples, nous les trouvons d'abord dans les résultats des nombreux accouplemens qui ont eu lieu jusqu'ici entre nos béliers de Naz et des brebis de haute taille dans diverses parties de la France; nous croyons pouvoir avancer, sans crainte d'être démenti, que partout les agneaux provenant de ces accouplemens se sont montrés remarquables sous le rapport de la grosseur, de la vigueur et de la bonne conformation, autant que sous celui de l'amélioration de la toison; entre autres expériences, nous citerons celles qu'a faites M. le vicomte de Jessaint, dans sa bergerie de Beaulieu.... On a pu voir, l'année dernière, à Saint-Denis, un antenais qu'il a fait conduire dans cette ville pour y être vendu, et dont la taille et tout à la fois la finesse étaient des plus remarquables; cet animal, qui fut cédé au prix de 1,500 francs, était fils d'un bélier de Naz et d'une brebis de *Beaulieu,* issue de Rambouillet. Il tenait sa taille et ses formes de sa mère, tandis qu'il héritait de la finesse de son père. De nombreux individus du même troupeau de Beaulieu, sans être aussi remarquables que celui que nous venons de citer, ont également présenté une notable amélioration de formes et de lainage. Plusieurs propriétaires et fermiers de la *Brie,* de la *Beauce* et de la *Picardie*, après avoir introduit des béliers de Naz dans leurs bergeries, ont été frappés des mêmes résultats.

Le métissage, au moyen de gros béliers de Rambouillet, a mal réussi partout où les brebis indigènes se sont trouvées de petite taille, dans le Berri notamment; les agneaux naissaient faibles et disproportionnés, et leurs mères manquaient de lait pour les nourrir suffisamment.

Ce même métissage a eu, au contraire, les succès les plus remarquables dans les provinces où la race indigène s'est trouvée plus élevée en taille, ainsi en *Bauce*, en *Brie*, dans le *Soissonnais*, etc.

Le conseil général du département de l'Ain, désirant relever la taille du gros bétail en Bresse, vota, en 1818, des fonds assez considérables pour l'achat de taureaux suisses, qui sont généralement d'assez haute stature; il en fit en même temps acheter quelques uns dans le pays de Gex, lesquels se trouvèrent d'une taille notablement moins élevée que celle des premiers : les gros taureaux suisses ne donnèrent que des extraits défectueux; ceux du pays de Gex réussirent beaucoup mieux, mais ne remplirent point encore les espérances qu'on avait conçues; enfin on fut obligé de renoncer aux uns et aux autres, pour ne plus employer que les taureaux de taille proportionnée à celle des vaches, c'est à dire de la plus petite espèce.

De gros coqs du pays de Caux, transportés dans les environs de Genève et accouplés avec des poules d'une race plus petite, n'ont également produit que des extraits défectueux ; la même expérience répétée à Croissy a eu les mêmes résultats.

Ces exemples, auxquels chaque cultivateur pourra, dans la sphère de ses propres observations, en ajouter nombre d'autres, s'accordent complétement avec les remarques de Henry Cline et des autres savans auteurs et praticiens étrangers que nous avons cités plus haut. Nous croyons donc pouvoir répéter avec eux : « Que l'opinion qu'il fallait » se servir des plus gros étalons pour améliorer les races » constitue une grave erreur, qui a causé beaucoup de » mal ; que le croisement des familles n'a bien réussi » que dans les cas seuls où les femelles étaient à pro- » portion plus fortes que les mâles, et qu'en général ce

» croisement a manqué son effet quand les mâles étaient » relativement plus grands; que la vraie méthode d'a» méliorer les formes consiste à choisir des brebis bien » conformées et à leur donner un mâle plus petit qu'elles; » que cette amélioration dépend de ce principe que la » faculté que possède la mère de fournir à la nourriture » de son agneau est proportionnée à sa taille et à la fa» cilité de se nourrir, qu'elle tient elle-même de sa » bonne constitution; que la taille du fœtus est ordinai» rement en rapport direct avec celle du père, et qu'ainsi, » lorsque la mère sera plus petite, ce fœtus manquera » de nourriture et ne produira qu'un extrait défectueux; » mais que si la mère, en raison de sa taille et de sa » bonne constitution, peut fournir, et au delà, à la » nourriture du fœtus d'un mâle plus petit qu'elle, ce » fœtus se développera et grandira à proportion; une » femelle forte a une plus grande quantité de lait » et son petit reçoit, après sa naissance, une nour» riture plus abondante; que pour obtenir un animal » parfait, il faut lui donner une nourriture abondante » depuis sa naissance jusqu'à son entier développe» ment; que la faculté de convertir un poids donné » d'alimens en une quantité plus ou moins grande de » nourriture dépend du volume des poumons, qui sont » eux-mêmes intimement liés au système digestif; que » le croisement est la méthode la plus prompte pour se » procurer des animaux qui aient de forts poumons; » qu'il suffit de choisir des femelles d'une race de grande » taille, ayant les formes convenables et de les mettre » avec un bélier d'une race plus petite, mais bien fait; » qu'au moyen de ce croisement, les poumons et le » cœur prendront un plus grand accroissement par suite » d'une particularité qui a lieu dans la nutrition du fœ» tus et qui fait que, dans cette circonstance, il y a une

» plus grande proportion de sang distribuée aux poumons
» qu'à aucune partie du corps, et que, comme la forme
» et la grandeur du thorax sont pour ainsi dire mo-
» delées sur les poumons, il s'ensuit que ces immenses
» poitrails que l'on remarque sont le produit d'un
» croisement avec des femelles plus grandes que les
» mâles, etc. »

A l'appui de ces raisonnemens, ils citent les exemples suivans :

« Les races de chevaux et de cochons, en Angleterre,
» ont été perfectionnées, pour les chevaux, par l'em-
» ploi de petits étalons barbes et arabes et l'introduction
» des grandes jumens flamandes qui ont servi à l'amé-
» lioration des chevaux de charrettes ; pour les cochons,
» par l'importation de petits verrats chinois.

» Lorsque la mode vint à Londres d'atteler de grands
» chevaux bais, les fermiers du *Yorkshire* crurent bien
» faire en donnant à leurs jumens des étalons plus grands
» qu'elles ; mais ils firent un tort considérable à leur
» race et n'eurent que des extraits défectueux et sans
» valeur.

» En Normandie, on commit la même faute en se ser-
» vant d'étalons du Holstein pour élever la taille des
» chevaux du pays, et la meilleure race de France al-
» lait ainsi se perdre, si les fermiers ne se fussent aperçus
» à temps de leur erreur.

» Les propriétaires de l'île de Sheppy avaient cru aussi
» améliorer leurs moutons en faisant venir de grands
» béliers du Lincolnshire ; mais ils n'obtinrent que
» des produits bien inférieurs sous le rapport des formes
» et de la qualité de la laine, et cette tentative fit le plus
» grand tort à leurs troupeaux. »

Nous appuyant toujours des mêmes autorités et de

nos propres observations, nous insisterons sur les conditions qui constituent, dans les animaux de reproduction, ce qu'on appelle une bonne conformation.

« Une poitrine large et profonde indique un grand » développement dans les poumons; or c'est, comme » on l'a déjà dit, du volume et du bon état des poumons » que dépendent la force et la santé : un animal qui a » de grands poumons trouve dans une quantité d'ali- » mens donnée plus de nourriture qu'un autre, et » il est par conséquent plus facile à engraisser. *La* » *forme du thorax doit approcher de celle d'un cône,* » *ayant son sommet situé entre les épaules et sa base* » *vers les reins* (1); » ce qui semblerait indiquer que ce n'est pas précisément par *la largeur du poitrail* qu'on peut juger de celle de la poitrine, mais bien plutôt par *la largeur des reins*.

« Le bassin, c'est à dire la cavité formée par la » jonction des os de la hanche avec l'os de la croupe, » doit être vaste chez la femelle, afin qu'elle puisse » mettre bas plus facilement; quand cette cavité est » petite, la vie de la mère et celle de l'extrait sont en » danger. La grandeur du bassin se reconnaît à la largeur » des hanches et de l'espace existant entre les cuisses; la » largeur du bas des reins est toujours proportionnée à » celle de la poitrine et du bassin.

» La tête doit être petite, ce qui facilite le part; il » y a aussi à cela d'autres avantages, et la petitesse de » la tête indique généralement une race améliorée. »

---

(1) C'est avec quelque timidité que nous répétons cette observation, attendu qu'elle est neuve pour nous et que nous ne nous sommes pas encore appliqué à la vérifier.

» Les cornes sont inutiles et nuisibles. » Il serait à désirer qu'on s'attachât à en débarrasser les races les plus distinguées, ce qui ne serait peut-être pas difficile; cependant on ne peut songer à sacrifier à cette amélioration secondaire aucune des qualités essentielles de la race : ainsi ce ne sera jamais qu'*à mérite égal* qu'on devra préférer le bélier sans cornes.

« La longueur du cou doit être proportionnée à la » hauteur de l'animal, afin qu'il puisse pâturer avec » plus de facilité. Ce n'est pas la grosseur des os, mais » bien celle des tendons et des muscles qui indique la » force de l'animal. Beaucoup d'animaux dont les os » sont gros sont néanmoins faibles, parce qu'ils ont » de petits muscles : les animaux mal nourris pendant » leur croissance ont les os d'une grosseur dispropor- » tionnée, etc., etc. »

Voilà pour les formes : quant aux conditions à exiger de l'étalon sous le rapport de son lainage, nous ne pourrions que répéter ce que nous avons dit fort au long sur ce sujet, dans la première partie du *Nouveau Traité*.

Le principe, c'est d'obtenir, sur un poids d'animal quelconque, le plus que possible de la plus belle laine; c'est dire que chaque toison doit, proportionnellement au poids de l'animal qui l'a produite, réunir au plus haut degré la *superfinesse* (qui comprend toutes les qualités de douceur, de moelleux, de nerf et d'élasticité), *l'égalité dans toutes les parties, et le tassé.*

C'est la recherche de cette dernière qualité qui a été et est encore l'écueil de beaucoup d'éleveurs; ils prennent trop souvent *l'apparence du tassé* pour *le tassé lui-même*: parce que la toison résiste à la main, ils jugent qu'il y a abondance de laine, et ne songent pas que cette résistance peut bien ne provenir que d'un certain degré de raideur, de dureté et de grossièreté dans le brin sans que pour cela on compte un plus grand nombre de ces brins sur un espace donné de la peau. N'ayant peut-être pas acquis une suffisante connaissance de la laine pour apprécier avec justesse les nuances qui séparent les divers degrés de haute finesse, ce n'est pas *à finesse égale* qu'ils donnent la préférence à ce qu'ils prennent pour le *tassé*, mais en sacrifiant à une trompeuse apparence cette finesse elle-même, ainsi que les autres qualités si essentielles de la douceur et du moelleux.

C'est ainsi que cette propension qu'on a eue en France plus qu'ailleurs de viser surtout à la *quantité* en s'inquiétant trop peu de la *qualité*, et sans même se rendre compte de l'augmentation relative des frais de nourriture, a été l'une des principales causes de l'infériorité dans laquelle les laines françaises sont restées, en général, vis à vis des laines d'outre-Rhin.

Aujourd'hui nous voyons encore bon nombre de propriétaires qui, bien loin d'avoir atteint un degré suffisant de finesse sur l'ensemble de leurs toisons, se font illusion au point de croire qu'ils n'ont plus rien à gagner de ce côté-là, et que tous leurs efforts doivent se borner à acquérir une plus grande abondance de laine sur chaque bête. De là leur goût pour les toisons compactes qui forment une croûte à l'extérieur et résistent à la main qui les presse. Nous dirons à ces propriétaires : Tâchez d'abord d'avoir des toisons véritablement *superfines*, ensuite vous pourrez à votre aise les perfectionner sous le rapport du *tassé proprement dit*; *à superfinesse égale*, vous ferez bien alors de préférer les toisons fermées, rondes et compactes, aux toisons claires et trop mécheuses ; mais surtout qu'elles restent moelleuses, qu'elles cèdent encore à la main qui les presse, et que le brin ne perde rien de cette douceur et de cette souplesse qui doivent se retrouver dans l'étoffe fabriquée... : rien de plus délicat et de plus dangereux que la poursuite de ce genre de perfectionnement, qui a pour but le *tassé* de la toison ; elle exige une habileté peu commune, si l'on veut en même temps ne rien perdre et gagner, au contraire, du côté de la finesse ; étudiez donc la laine pour ne pas vous y méprendre, et prenez garde de perdre de vue le premier but de l'amélioration, en vous attachant trop à ce qui ne doit en être que le second.

Pour ce qui est de l'*importance de la race*, personne ne songe à la contester, et cependant l'on voit tous les jours des éleveurs n'y avoir que bien peu d'égards.

« . . . . . . Il peut arriver qu'un mâle de pur sang, » allié à une femelle non pure, engendre un fils qui » soit dans toutes ses apparences aussi beau que lui ; » mais il est certain que ce fils, considéré à son tour » comme étalon, sera inférieur à son père. En effet, » puisqu'il est incontestablement établi que, sous le » rapport de la ressemblance, les animaux engendrent » en arrière (selon l'expression anglaise, *breed-back*), » c'est à dire reproduisent le caractère de leurs an- » cêtres, il devient indispensable que la généalogie de » l'étalon qu'on emploie soit la moins douteuse possible » pendant une longue suite de générations. Ce point » d'une noble ascendance est si important que plusieurs » éleveurs, comptant sur l'effet de la pureté du sang, » préfèrent un étalon défectueux, d'ailleurs, mais » offrant toute garantie sous le rapport de cette pureté » de sang, à tout autre d'un sang moins ancien, quoique » plus beau et mieux conformé. » (*Britsh Farmers*

Magazine, vol. 9, page 178 de l'*American Farmer: Baltimore*, 1827.)

Il ne suffit donc pas d'avoir introduit, dans son troupeau, un étalon de pur sang et d'en avoir obtenu, dès la première génération, des extraits aussi beaux que lui, pour se croire autorisé à se servir de ces extraits comme étalons.... Non : c'est le cas de donner à cet étalon ses filles et petites-filles, tant qu'il pourra servir à la monte, et, quand il aura fait son temps, de le remplacer par un étalon aussi pur que lui et de la même famille, jusqu'à ce qu'enfin on ait acquis ce qu'on appelle la *constance du sang*.

On n'est pas d'accord sur le temps nécessaire pour arriver à cette constance...; quelques auteurs ont pensé qu'elle ne s'acquérait qu'au bout d'un très grand nombre de générations : nous sommes porté à croire qu'il y a beaucoup d'exagération dans leur calcul.

C'est ici le cas de faire, à cet égard, une distinction importante...; plusieurs cas peuvent se présenter...

On suppose un troupeau composé de bêtes à laine de la même espèce, mais d'origines diverses et présentant des nuances caractéristiques plus ou moins marquées....

Si on prétend ramener ce troupeau *à un type unique* et *constant*, en le régénérant en lui-même, d'après le système (*in and in*) en dedans, on ne peut douter qu'il ne faille, pour y parvenir, un laps de temps considérable et beaucoup d'habileté; mais si, châtrant impitoyablement tous les mâles de ce même troupeau, on va chercher ailleurs un type reproducteur déjà parfait et constant, et qu'on l'emploie avec persévérance, pendant un certain temps, à l'amélioration des femelles, il est certain qu'on marchera rapidement vers le but, et nous pensons qu'après un assez petit nombre de générations les extraits de ce croisement de familles (*cross breeding*) pourront avoir acquis la constance du sang, c'est à dire la faculté de se reproduire semblables à eux-mêmes, et être, en conséquence, élevés à la dignité d'étalons.

S'il s'agissait, au contraire, de créer une nouvelle race par le mélange de deux autres races distinctes et plus ou moins pures, chacune en elle-même, la difficulté serait grande, sans que cependant nous prétendions la faire considérer comme insurmontable... : ici le type reproducteur n'existerait pas encore, *puisque ce serait lui-même qu'il s'agirait de créer...* ; on pourrait, dès la première génération, obtenir la réunion de toutes les qualités de forme ou de lainage que l'on aurait en vue ; mais l'embarras serait de fixer ce nouveau type. Le premier extrait mâle provenant du croisement ne pourrait, quelque parfait qu'il fût en apparence, être employé comme étalon ; car il ne serait qu'un métis au premier degré, et n'offrirait, en conséquence, aucune garantie *de constance* ; son père et sa mère, d'un autre côté, devraient, l'un et l'autre, être réformés, puisque ce ne serait ni l'un ni l'autre qu'on se proposerait de reproduire, mais bien le résultat de leur accouplement ; et que si l'on donnait le père à la fille *métisse*, ou la mère au fils *métis*, on serait certain de voir reparaître les caractères individuels des auteurs, mais non pas l'égal mélange de ces caractères : or, c'est bien dans ce cas-là qu'on peut croire qu'il faudrait beaucoup de temps et de soins pour arriver à la fixité ou *constance* du nouveau type.

On s'est beaucoup occupé en France, depuis quelques années, de la création de *nouvelles races* provenant de l'accouplement du bélier *nubien* ou du *dishley* avec la brebis mérinos, du bouc *angora* avec la chèvre du Thibet, etc. Les résultats de ces intéressans essais ne pourront être jugés que plus tard ; mais s'ils réussissent, la publication des procédés qui auront été suivis sera infiniment précieuse dans l'intérêt de la science, et ne pourra que jeter un grand jour sur la question.

Notre but n'est pas ici de rechercher quels sont ceux de ces croisemens qui doivent paraître les mieux conçus quant au but d'amélioration qu'on a pu se proposer. Ceci serait une autre question indépendante de la première, laquelle n'a rapport qu'au plus ou moins de difficultés qu'on doit éprouver à fixer, c'est à dire à rendre *constant dans sa reproduction* un type quelconque absolument nouveau et résultant du mélange de deux races bien différentes. Nous dirons seulement, en passant, qu'on a peut-être trop légèrement recommandé à la généralité des producteurs les croisemens entre les races à laine longue et les races mérinos... La *laine de carde* et la *laine de peigne* constituent deux types tout à fait distincts, et dont les qualités les plus désirables sont entièrement opposées ; on doit craindre, par leur mélange, de les altérer les unes par les autres, au lieu de les perfectionner : la laine mérinos, d'une part, est reconnue comme très propre à la fabrication des étoffes feutrées ; la laine longue anglaise, de l'autre, paraît réunir toutes les qualités désirables comme laine *de peigne*. Nos fabricans demandent à part chacune de ces sortes de lainage ; mais rien n'indique qu'ils désirent une troisième sorte, qui participerait également des deux premières. Notre opinion est donc que chacun de ces types doit être perfectionné en lui-même ; ce qui peut se faire facilement et rapidement, puisqu'on les possède tous les deux déjà *purs* et *constans*... : ainsi, tout en laissant d'ailleurs le petit nombre des vrais zélateurs de la science tenter la création de nouvelles races, il nous semble que le grand nombre des producteurs agirait sagement en ne risquant pas de perdre en tâtonnemens, peut-être infructueux, un temps précieux qu'ils pourraient employer à marcher d'un pas ferme et assuré dans l'une ou l'autre des voies directes et toutes tracées qui se présentent à eux.

On a beaucoup agité la question de savoir lequel est préférable des deux systèmes de reproduction, dont l'un consiste à améliorer *en dedans* de la même famille (*in and in*), et l'autre *en dehors*, par des croisemens de familles différentes (*cross-breeding*).

Il nous semble qu'on peut conclure de ce qui précède que l'un et l'autre de ces systèmes doivent être pratiqués avec avantage, suivant les circonstances... : en effet, c'est à chaque éleveur à s'assurer, par un examen sévère et exempt de toute illusion, du degré de perfection qu'il a atteint, et de l'espace qui lui reste à parcourir pour arriver à celui auquel d'autres sont parvenus... ; s'il demeure convaincu que nulle part ailleurs il ne trouvera rien qui vaille mieux que ce qu'il possède, tant sous le rapport de la beauté que sous celui de la pureté, il ne doit pas hésiter à continuer d'améliorer *en dedans*, et il faut qu'il se garde d'introduire aucun type étranger dans sa bergerie.

Si, au contraire, il s'aperçoit qu'il s'est égaré, ou laissé devancer par ses rivaux ; s'il reconnaît qu'ailleurs que chez lui il existe des types très supérieurs à celui qu'il possède, il n'a point de temps à perdre : il faut qu'il adopte le système du croisement des familles, et qu'il aille, aussi loin qu'il sera nécessaire, chercher la source d'amélioration à laquelle il devra puiser ; le choix de cette source sera pour lui d'une grande importance, toute erreur serait fâcheuse et difficile à réparer; il faut qu'il s'adresse bien, et qu'il se garde des tâtonnemens : car ce ne serait pas tout que de découvrir le type le plus parfait qui fût au monde, il faudrait encore savoir s'y tenir avec persévérance.

A Rambouillet et dans quelques autres bergeries royales ou particulières, on a suivi le système de reproduction *en dedans*; mais malheureusement on n'a pas partout su reconnaître quelles étaient les véritables qualités qu'il fallait s'attacher à reproduire : de sorte que, tout en acquérant une pureté et une constance de sang très notoires, on a pu manquer les buts les plus essentiels de l'amélioration. Or, cette constance de sang, si précieuse dans les races perfectionnées, est devenue un défaut de plus chez celles qui offrent aujourd'hui de notables imperfections; car les imperfections ne se perpétuent que plus sûrement et d'une manière plus complète, le sang le plus ancien imposant toujours ses défauts, aussi bien que ses qualités, à un sang moins ancien.

Le croisement des familles, c'est à dire la reproduction en dehors, adopté par le plus grand nombre des éleveurs tant français qu'étrangers, a eu des succès très variés, suivant le plus ou moins de pureté et de distinction des familles croisées entre elles; mais, en général, les troupeaux, pour la reproduction desquels ce système de croisement des familles a été adopté, ne peuvent par là même qu'offrir bien peu de garanties sous le rapport de la *constance du sang*, quand même les familles, alliées entre elles, auraient été notoirement pures chacune de son côté. En effet, il y a, selon nous, une grande distinction à faire entre ce qu'on appelle la *pureté du sang* et la *constance du sang*, malgré qu'à l'égard d'une seule et même famille ces deux expressions puissent être considérées comme synonymes, une race n'étant réputée *pure* que lorsqu'elle se montre *constante* dans sa reproduction, et n'étant *constante* que parce qu'elle est ancienne et *pure*. Dire d'une famille qu'elle est *constante* ou qu'elle est *pure*, c'est dire une seule et même chose : ainsi à Rambouillet, ainsi à Naz, il y a *pureté* et *constance* notoires et synonymie dans l'expression ; mais qu'on allie entre elles ces deux familles *pures*, on ne pourra certainement pas dire que les extraits de ce croisement aient cessé de l'être, et cependant on ne pourra pas s'attendre à ce qu'ils soient *constans*, puisque leur mélange donnera naissance à une variété nouvelle.

Le métissage, qui a eu en France et particulièrement en Saxe de si grands succès, n'est autre chose que le *croisement en dehors* : on a dit que, par le *métissage, il était impossible d'arriver à la pureté*. Cette opinion, qu'on avoue être en opposition avec celle de célèbres agronomes, et que néanmoins on professe avec une assurance qui contraste avec la faiblesse des raisonnemens dont on l'appuie ; cette opinion, disons-nous, nous paraît peu soutenable. En effet, indépendamment du degré d'influence que nous avons dû accorder aux climats et aux localités, aux habitudes et aux mœurs sur la conformation et les qualités des diverses variétés de races constantes existantes aujourd'hui sur la terre, il a dû y avoir, et il y a eu certainement, par l'effet soit du hasard, soit des combinaisons industrieuses de l'homme, des croisemens multipliés et par conséquent de véritables *métissages* entre les produits divers des premiers types : c'est surtout à la suite des fréquentes transmigrations des peuples tout à la fois pasteurs et guerriers qu'ont dû avoir lieu ces croisemens, lorsque menant avec eux leurs propres troupeaux, ils les mêlaient à ceux des peuples vaincus. Aucune des variétés domestiques connues aujourd'hui n'étant signalée comme présentant le type originel d'une race primitive, on doit croire qu'elles ont été toutes, en général, plus ou moins *métisses*, mais qu'avec le temps elles ont acquis la *constance du sang* et conséquemment ce que l'on est convenu d'appeler *la pureté*. Cette *constance* ou *pureté* a donc pu être le produit du *métissage*, et toute la question doit se borner à savoir combien d'années sont nécessaires pour qu'une race d'origine métisse puisse être réputée pure.

Il est, d'ailleurs, généralement reconnu qu'au moyen du *métissage* on peut arriver au plus haut degré de perfectionnement, et rien ne nous donne lieu de penser qu'après un nombre suffisant de générations les extraits du *métissage* ne puissent être élevés à la dignité d'étalon.

Si l'étalon qui a servi de type améliorateur a été pur, il aura, avec le temps, et en vertu du double avantage de son sexe et de son ancienneté de sang, imposé son caractère aux femelles qu'on lui aura données ; et ramenant sans cesse tout à lui, il aura fini par effacer entièrement les caractères distinctifs de la race qu'il aura été chargé d'améliorer et par y substituer les siens propres : or, comme le perfectionnement aura dû marcher également dans la famille de ce même type améliorateur, les individus de cette famille, successivement appelés à continuer l'œuvre du métissage commencé, se seront succédé de plus en plus parfaits ; de telle sorte que le troupeau *métis* aura pu non seulement égaler, mais encore surpasser en beauté le type premier, qui, au départ, avait été pris pour modèle. C'est ce qui est arrivé en France et en Saxe, où beaucoup de troupeaux métis sont maintenant supérieurs, dans leur ensemble, à ce qu'étaient les troupeaux espagnols, qui, dans l'origine, leur apportèrent l'amélioration, et qui se sont eux-mêmes perfectionnés, tout en continuant à servir aux autres de sources de reproduction.

Quelques éleveurs sont tombés dans une autre erreur qu'il importe de signaler ici...

Ils ont cru que ce n'était que par degrés et peu à peu qu'on devait s'avancer dans la voie du perfectionnement, et que ce serait une faute que de donner de prime abord un bélier de haute finesse à des brebis communes, ou qui ne seraient que faiblement améliorées. Nous avons vainement cherché à nous expliquer les motifs d'une semblable opinion; les faits et le raisonnement s'accordent pour la réfuter et démontrent que donner même aux brebis indigènes les plus communes le bélier le plus pur et le plus beau, c'est abréger d'autant le chemin à parcourir et se ménager tout à la fois un succès plus prompt et plus certain. On arrive *plus tôt* quand on part de *moins loin;* et si l'on est obligé de partir du point le plus reculé quant aux femelles, il faut au moins tâcher, au moyen du mâle, de gagner le plus de temps possible.

Avant de terminer ce que nous avons à dire relativement à la constance du sang, nous ferons remarquer que cette qualité ne doit jamais s'entendre dans le sens absolu et rigoureux du mot; car de même qu'on ne pourrait trouver sur le même arbre deux feuilles absolument semblables, de même une race, si pure et si constante qu'elle puisse être, ne se reproduira jamais dans tous ses extraits avec une identité parfaite : pour qu'un étalon soit réputé constant, il suffit qu'il donne la grande majorité de ses extraits au moins aussi beaux que lui.

Quel que soit celui qu'on adopte des deux systèmes de reproduction *en dedans* ou *en dehors*, les mêmes principes sont applicables quant aux qualités désirables dans l'étalon, tant sous le rapport des formes que sous celui des propriétés du lainage.

Nous croyons en avoir assez dit pour démontrer que, sous l'un et l'autre de ces rapports essentiels, l'emploi *des plus gros étalons* est loin de devoir être recommandé : nous avons donc lieu de croire que les partisans les plus prononcés des grosses bêtes et des lourdes toisons finiront par se convaincre qu'ils peuvent se servir de béliers superfins de moyenne taille pour améliorer leurs laines, sans risquer pour cela de diminuer la branche de leurs troupeaux.

Pour rendre la chose plus évidente encore, nous avons sollicité de M. l'Intendant général de la Maison du Roi la facilité de faire, sur vingt brebis du troupeau royal de Rambouillet, une expérience authentique, en les soumettant à l'approche d'un bélier de Naz. Nous ne manquerons pas, si notre proposition est admise, de publier les résultats de cette expérience, qui seront, nous n'en doutons pas, aussi concluans que satisfaisans... On verra là les effets de la lutte de deux sangs également anciens ; et si le sang de Naz impose son caractère à celui de Rambouillet, ce ne sera seulement qu'en vertu de la prédominance du mâle sur la femelle : on pourra ainsi se faire une idée du degré d'influence qu'aurait eu l'étalon superfin, si à l'avantage du sexe il eût ajouté celui *d'une plus grande ancienneté de sang.*

Mais, au moment où nous nous efforçons de rappeler

ici les principales règles qui doivent diriger l'amélioration, nous entendons qu'on se demande encore si cette amélioration est nécessaire, ou même seulement désirable!... Tout marche au dedans comme au dehors, et l'on en est encore à savoir s'il faut suivre le mouvement, ou rester stationnaire!...

Qu'il nous soit permis de déplorer un semblable aveuglement, et d'essayer de nouveau de le dissiper.

Quels sont d'abord les argumens de nos adversaires? Ils se réduisent à trois principaux :

1°. *Il ne convient pas*, disent-ils, *d'affiner toutes nos laines, bien que nous puissions y parvenir aussi bien sur les grandes races que sur les petites. Il faut très peu de laine superfine, et ses producteurs n'ont pas besoin d'encouragemens. Il faut des laines de toute qualité, puisqu'il y a des draps de toute qualité.*

2°. *La France doit s'appliquer à conserver à ses laines les qualités qu'elles ont acquises, et ne pas aller au delà. Les laines françaises, telles qu'elles sont, sont indispensables pour faire de beaux draps; elles entrent, pour la plus grande partie, dans leur confection; les laines superfines, qu'on mélange avec elles en petite quantité, ne servent qu'à recouvrir l'étoffe, en lui donnant une espèce de coloris, etc.; elles manquent de nerf et d'élasticité, et ne pourraient par conséquent pas s'employer seules : celles qu'on préconise actuellement ne sont obtenues qu'aux dépens de la santé et de la vigueur des animaux, par l'effet d'un système débilitant et du défaut de nourriture, en abâtardissant les races, et ne faisant que des animaux chétifs et rabougris; ce sont des laines artificielles, etc., etc. On perd en poids ce qu'on gagne en finesse, etc., etc. Si une plus grande production de laine superfine était désirable, les trou-*

peaux abondamment nourris et de forte branche en donneraient d'aussi fines et de bien meilleure qualité que celles de Saxe et autres analogues, comme on peut s'en assurer à Rambouillet, et dans plusieurs autres bergeries françaises.

3°. *Il est impossible de lutter, pour la production des laines, avec les étrangers, qui nourrissent, presque sans frais, d'innombrables cavagnes...; il est démontré qu'en France on perd à l'éducation des troupeaux fins...; enfin il n'y a de salut, pour le producteur français, que dans l'élévation des droits d'entrée sur les laines étrangères, si ce n'est même dans leur prohibition...*

Tous ces argumens ont été cent fois victorieusement combattus...; mais ils se reproduisent toujours comme s'ils n'étaient susceptibles d'aucune contradiction....: il faut donc, quelque fatigant qu'il puisse être pour nos lecteurs de nous entendre redire toujours les mêmes choses; il faut, disons-nous, ne point se lasser, et les combattre de nouveau avec patience, jusqu'à ce qu'enfin ils soient réduits à leur juste valeur.

Si nous parvenons à démontrer la fausseté des faits qui servent de base à ces argumens, nous les aurons bientôt ruinés dans les conséquences qu'on en tire: or, la tâche n'est pas difficile.

Mais, d'abord, n'est-ce pas un véritable *non-sens* que de dire : Il faut s'en tenir à ce qu'on a, rester où l'on est... Où donc est-il ce point auquel il faut s'arrêter?... Qu'on nous le montre et puis qu'on nous assure bien que tout le monde s'entendra pour ne pas le dépasser : car s'il se trouvait des producteurs assez perfides pour marcher pendant que les autres se seraient arrêtés, ces derniers ne pourraient manquer d'être dupes. Si, par exemple, après que vous nous auriez donné pour type devant servir de but à nos efforts, et comme le *nec plus ultrà* de la perfection à laquelle nous devons prétendre, une qualité qu'on appellerait *prime de France*, et que nous nous y serions tenus religieusement; si, disons-nous, il arrivait que cette qualité se trouvât en concurrence en fabrique avec quelque autre prime qui n'aurait pas coûté davantage à produire, et qui serait payée plus cher ou seulement préférée à prix égal, nous en éprouverions sans doute un préjudice notable...: quelle ressource nous resterait alors, si ce n'est celle de violer votre défense, de renverser votre barrière en nous efforçant bien vite de donner à notre prime le degré de mérite qui lui manquerait pour supporter la concurrence de celle dont la seule présence sur le marché pourrait lui faire tort? Or, où s'arrêter de nouveau? Si nous voyons cette dernière monter d'un degré à mesure que nous serons près de l'atteindre, ne faudra-t-il pas que nous redoublions de soins pour la suivre dans ses progrès d'amélioration? Vous voyez bien qu'on ferait plutôt remonter un fleuve vers sa source que de suspendre la marche du perfectionnement. Ne venez donc pas nous décourager et ralentir nos efforts par vos cris de *halte!* Laissez-nous plutôt prendre de bonne heure les devants, ou au moins nous placer parmi ceux qui marchent à la tête: cela nous est plus facile maintenant qu'il ne le sera plus tard de regagner le temps que vous nous aurez fait perdre.

Qu'avons-nous vu, en effet, jusqu'à présent? Les Espagnols, qui autrefois jouissaient du monopole des beaux lainages, ont aussi voulu s'en tenir à ce qu'ils avaient; ils ont peut-être aussi prétendu qu'en essayant d'affiner leurs magnifiques léonaises on ne manquerait pas d'altérer leur qualité: eh bien! aujourd'hui ils ont beau produire à bon marché; ils ont beau faire des toisons pour 20 à 25 sous, c'est à dire de la laine à 4 à 5 sous la livre, ils la voient dédaignée partout, classée parmi nos qualités les plus médiocres et payée au même prix : ils se plaignent, et, en vérité, ils sont encore plus malheureux que nous; et cependant ce n'est pas l'affluence des laines étrangères sur leurs marchés qui les ruine; ils n'ont pas besoin de les prohiber, eux; personne ne songe à leur en porter; aurez-vous le courage de les féliciter d'être restés stationnaires? Effrayés de la distance qui les sépare du degré de perfection auquel on est ailleurs parvenu, ils songent maintenant, mais bien tard, à venir nous redemander les descendans améliorés de cette précieuse race, dont la possession fut pour eux pendant si long-temps la source d'une grande richesse, et qu'ils se laissèrent enlever avec tant d'incurie et d'imprévoyance.

Après les avoir devancés, nous nous sommes nous-mêmes vus devancés par d'autres, et voilà que vainqueurs des Espagnols, nous sommes maintenant vaincus par les Allemands; mais qu'avons-nous besoin d'aller chercher au dehors de semblables exemples? N'en avons-nous pas en France et sous nos propres yeux? Ne s'est-il pas fait une révolution complète dans les réputations des troupeaux français? Ceux dont on ne parlait même pas, il y a quelques années, ne sont-ils pas venus s'emparer du premier rang, tandis que ceux qu'on était auparavant accoutumé à prendre pour modèles sont aujourd'hui classés en second et troisième ordre? Ces derniers n'ont-ils pas vu leurs dépouilles perdre moitié de leur valeur, tandis que celles des premiers se vendent le double de leur prix d'autrefois? Quelle a pu être la cause d'un pareil résultat? Ne serait-ce pas que le perfectionnement a marché et qu'à mesure que les manufacturiers ont vu apparaître soit en France, soit en Saxe, soit ailleurs, des matières premières plus belles que celles qu'ils avaient employées jusque-là, ils ont dû estimer *d'autant moins* ces dernières pour rechercher *d'autant plus* les premières, qui leur devenaient indispensables pour soutenir la lutte à armes égales? Leur a-t-il été permis à eux-mêmes de s'arrêter, de rester où ils étaient? N'ont-ils pas aussi été obligés de marcher avec tout le monde? On faisait autrefois des draps qu'on trouvait fort beaux; on ne désirait rien de mieux, et cependant voilà que ces mêmes draps ne seraient aujourd'hui que de *troisième qualité*. Chaque jour, nos fabricans les plus habiles sont menacés d'être devancés par leurs rivaux, par le perfectionnement des procédés autant que par l'emploi des plus belles matières; nous les voyons aller avec anxiété visiter les fabriques belges et anglaises, et y rechercher les causes d'une prospérité qui semble abandonner de plus en plus le sol français dans cette importante branche d'industrie. A l'heure où nous parlons, qu'on aille voir ce qui se passe à Elbeuf, Louviers, Reims et Sedan : le fabricant veut des *primes*, mais il les veut et les obtient au prix des *secondes* et des *troisièmes;* des *secondes* au prix des *troisièmes* et *quatrièmes;* ce qu'il payait 16 fr. le kilogramme, lavé à chaud au mois d'août dernier, et ce qui représentait les *primes* à la production desquelles on voudrait que nous bornassions nos efforts, il les paie aujourd'hui (mars 1829) 9 fr.; ce dont il donnait 10 fr. ne trouve qu'à peine acheteur à 7 fr. : c'est qu'il est forcé de faire *meilleur, plus beau* et tout à la fois *à meilleur marché*. Cette loi, ne faut-il pas que le producteur la subisse en même temps? N'est-il pas incessamment poussé à faire toujours *plus beau, meilleur* et *à meilleur marché?* Or, comment peut-il savoir ce qui est le meilleur et le plus beau, si ce n'est par les différences qu'il voit les manufacturiers mettre dans l'estime qu'ils font de telle ou telle qualité et dans les prix qu'ils en accordent? N'est-il pas naturel de penser que de deux qualités celle qui est constamment payée le plus cher vaut réellement plus que l'autre et que c'est celle-là qu'il faut tâcher de produire?

Il y a toujours eu et il y aura toujours, quoi qu'il arrive, une échelle de prix correspondans aux diverses qualités de laines : les plus belles qualités seront toujours les plus chères, et, toutes conditions égales, d'ailleurs, il faudra bien convenir qu'il y a toujours avantage à produire ce qui se paie le mieux.

L'effroyable baisse qui vient depuis six mois de frapper de nouveau ces mêmes qualités intermédiaires qui surabondent partout et que vous nous conseillez de nous obstiner à produire; cette baisse qu'on peut évaluer à plus de 3 p. 100, a été à peine sensible sur les qualités supérieures; *mais,* direz-vous, *ces dernières ne se maintiennent que parce qu'elles sont rares*; si elles devenaient plus abondantes, elles tomberaient bientôt de prix comme les autres : ah! craignez qu'elles ne deviennent abondantes et à bon marché, vous qui persistez à n'en faire que de médiocres, car leur abondance sera le signal de votre ruine; mais nous voilà revenu à cette question que nous avons considérée ailleurs comme fondamentale et décisive, et nous allons essayer de la poser encore plus nettement que nous ne l'avons fait jusqu'à présent.

Commandez au manufacturier le plus habile du drap le plus beau et le meilleur qu'il soit possible de le faire; laissez-lui liberté entière de choisir sa matière première et de l'aller chercher partout où il voudra; annoncez-lui qu'il n'aura pas à s'inquiéter du prix ; qu'on lui paiera son drap au taux qu'il fixera lui-même ; donnez-lui tout le temps qu'il demandera ; mais prévenez-le qu'il sera passible d'une forte amende si on peut lui montrer du drap plus beau et meilleur que celui qu'il aura fait.....

Si, écartant cette laine superfine à laquelle vous trouvez tant de défauts, nous le voyons aller avec empressement chercher sa matière première à Rambouillet ou dans les autres bergeries qu'on cite comme produisant cette laine de *bonne finesse*, au delà de laquelle on ne doit pas aller, et qu'on recueille sur les troupeaux de haute taille et à lourdes toisons, nous passons condamnation ; mais si, au contraire, il s'empresse de se procurer des primes *extrafines* de Saxe, de Naz ou d'ailleurs, et s'il les emploie sans mélange, qu'on cesse de dire que la laine superfine ne peut faire seule que du *beau drap* et non du *drap solide* ; qu'elle manque de nerf et d'élasticité ; qu'il n'en faut que peu, et que sa production n'a pas besoin d'être encouragée. De pareilles assertions ne sauraient être admises par ceux qui ont fait quelque peu de progrès dans l'étude de la laine, et la conduite du fabricant, qui n'aura pu se faire illusion dans les raisons qui auront déterminé son choix, y aura répondu du reste.

Or est-il à croire un seul instant que ce choix puisse être douteux ?

Ne savons-nous pas que la solidité du drap dépend surtout de la faculté feutrante de la laine qui a servi à sa fabrication ; que les laines superfines sont précisément pourvues de tous les genres d'élasticité qui constituent dans le brin les qualités les plus propres au foulage et au feutrage ?

N'est-il pas d'ailleurs mathématiquement reconnu

qu'à diamètre égal un fil composé de brins de laine fins et élastiques présente une plus grande force de résistance que la réunion de brins plus grossiers et moins souples ?

Dans la 6e. section du chapitre Ier. du *Nouveau Traité*, page 50 et suivantes, nous croyions être parvenu à montrer clairement cette concentration si remarquable des meilleures qualités du drap dans celles de la laine de haute finesse. En voyant, au bout de cinq ans, mettre de nouveau en question les principes qui, à cet égard, nous paraissaient les moins susceptibles de contestation, nous devions nous attendre qu'on aurait daigné opposer quelques raisonnemens aux nôtres. C'est à Paris, c'est au foyer des sciences physiques et naturelles que nous trouvons nos adversaires, et aucun n'a essayé, par quelque expérience authentique et spéciale, de renverser notre système. Nos argumens subsistent donc encore dans toute leur force, et nous ne pouvons mieux faire que de renvoyer le lecteur à ce que nous écrivions sur ces questions en 1824.

On a voulu à tort s'appuyer pour nous combattre de l'opinion de notre premier manufacturier, l'honorable M. Ternaux. Cette imposante autorité ne pouvait se prononcer en faveur de nos doctrines plus formellement qu'elle ne l'a fait dans les lignes suivantes, que nous retrouvons textuellement dans le numéro de janvier 1829 du *Bulletin des sciences agricoles*, page 42.

« C'est un fait bien reconnu dans toutes les manu-
» factures et mieux constaté dans celles qui travaillent
» avec le plus de perfection, que plus la laine est fine,
» courte et même assez tendre, plus elle est susceptible
» de faire des draps fins, doux, brillans, soyeux et *d'un*
» *bon usage*; la raison est que plus les filamens sont
» courts et présentent de pointes sous un moindre volume

» ou sous un même poids, plus ils sont propres à s'en-
» lacer les uns dans les autres; ce qui est indispensable
» pour l'action du foulage. »

Un autre manufacturier distingué, M. d'Autremont, a inséré dans le neuvième *Bulletin de la Société d'amélioration des laines* un article fort remarquable, dans lequel, après avoir jeté un grand jour sur les causes des maux que souffre l'industrie française, il aborde, en passant, la question qui nous occupe; mais lui, aussi, semble vouloir prémunir nos agriculteurs contre l'excès du perfectionnement : il nous croit déjà arrivé à la limite qu'on ne doit pas dépasser, en deçà de laquelle *on fait assez bien*, et au delà de laquelle *on ferait trop bien.*

Au moment où les tableaux lumineux de M. Ternaux montrent que, sur trente millions environ de toisons que produit la France, on n'en peut compter que quatre à cinq mille de superfines, M. d'Autremont semble déjà craindre qu'elles ne deviennent trop communes, et cependant il n'ignore pas que nos fabriques en demandent encore, tous les ans, pour 12 à 15 millions de francs à nos rivaux étrangers, et que, tout près de nous, les Belges et les Anglais font une immense consommation de ces mêmes laines superfines, qu'ils paient encore si cher et vont chercher si loin, et que par conséquent notre agriculture aurait déjà, si elle tournait ses vues de ce côté, une masse de besoins à satisfaire, tels que de long temps elle aurait peine à y suffire.

L'énorme latitude existant entre le prix de vente des qualités de laines les plus belles et les moins belles, tandis que les frais de production sont les mêmes, ne semble nullement avoir paru à M. d'Autremont un fait important et fécond en conséquences décisives, et il répète ce raisonnement, que nous croyons avoir tant de fois victorieusement réfuté; savoir, *que l'agriculteur n'a aucune garantie, que la laine affinée se maintiendra au prix élevé qu'on la paie en ce moment : ce prix élevé tient à sa rareté,* dit-il; *rendez-la abondante, et il diminuera.*

Ce n'est pas sans quelque chagrin, nous l'avouons, que nous avons vu l'un des membres les plus influens de la Société d'amélioration des laines, cessant de travailler au but qu'a dû se proposer cette Société en se fondant sous un pareil titre, se laisser aller à jeter le découragement parmi les partisans de cette même amélioration, en semblant leur dire que de plus grands efforts sont inutiles et qu'ils n'ont plus qu'à s'arrêter au point où ils sont parvenus... Nous sentons donc le besoin de nous élever ici avec une nouvelle force contre les inductions qu'on pourrait tirer de semblables raisonnemens...

Oui, sans doute, le prix de la laine superfine diminuera à mesure qu'elle deviendra plus abondante; mais d'abord ce ne sera pas de si tôt, puisqu'elle conserve toujours un prix très élevé sur les marchés d'Angleterre et de Belgique, malgré qu'aucun droit, aucune barrière ne s'opposent à l'introduction, dans ces pays de grande fabrication, des quantités considérables que fournissent déjà l'Europe orientale et les terres australes; mais ensuite croit-on qu'elle seule perdra de son prix? Pense-t-on que son abondance ne dépréciera nullement les qualités moins belles? Personne n'a daigné jusqu'à présent répondre à ces questions si simples, mais si pressantes, ce nous semble, sur ce point important de la discussion; on paraît ne les avoir point entendues, eh bien! nous les répéterons, s'il le faut, et jusqu'à satiété : car c'est là que gît la solution du problème, solution indispensable et qu'il faut obtenir à tout prix, attendu qu'il est grand temps que les éleveurs français cessent d'être ballottés entre les opinions les plus contradictoires, entre les conseils les plus diamétralement opposés...

Améliorez, leur crie-t-on d'un côté; restez où vous êtes, leur crie-t-on de l'autre : voyez, leur disons-nous, les bénéfices qu'assure la marche progressive du perfectionnement, et tout à la fois le danger qu'il y aurait à rester seuls stationnaires au milieu du mouvement général. Prenez garde! reprend-on aussitôt; l'amélioration donne des bénéfices, il est vrai, mais c'est à un petit nombre d'élus, qui ne tarderont pas eux-mêmes à être dupes; travaillez toujours pour les masses, parce qu'elles se contenteront toujours de ce que vous pourrez leur donner aujourd'hui.

Oui, disait-on aussi, il y a vingt-cinq et quelques années, gardez-vous d'avoir des mérinos; *car leur laine si fine n'est bonne que pour habiller les hautes classes de la société, c'est à dire le petit nombre. Travaillez pour les masses*, qui se contenteront toujours de *ratine* et de *camelot;* gardez-vous de semer du trèfle et de la luzerne, car quand le fourrage sera plus abondant, il baissera de prix et vous ne saurez plus qu'en faire...; gardez-vous d'avoir des machines.., car les hommes que vous n'emploierez plus mourront de faim, ou vous assassineront..... Et cependant on a eu des mérinos, et leur *laine s'est trouvée bonne pour habiller les masses;* on a semé du trèfle et de la luzerne, et l'on a su tirer parti de l'augmentation des fourrages, et leur prix n'a même pas baissé...; on a eu des machines, et les hommes dont elles ont suppléé le travail ne sont ni morts de faim, ni devenus malfaiteurs quand on a pu éviter l'application trop brusque des nouvelles méthodes.

Aujourd'hui les mérinos perfectionnés sont aux mérinos ordinaires comme les mérinos ordinaires étaient jadis aux moutons indigènes ; ces derniers ont été délaissés presque partout où l'agriculture a fait quelques progrès, et le mérinos pur ou métis les a remplacés... : eh bien ! c'est maintenant au tour du mérinos perfectionné à remplacer le mérinos ordinaire.

La laine superfine, nous le répétons, est à la fois la meilleure et la plus belle : à mesure donc qu'elle deviendra plus abondante, elle remplacera dans leur emploi les qualités inférieures dont on se contente aujourd'hui, faute de pouvoir atteindre au prix des premières. Il n'y a que les laines de peigne et les laines à matelas qu'elle ne puisse se flatter de remplacer jamais ; mais rien n'empêche qu'elle ne fasse un jour du drap de soldat et de matelot tout aussi épais, plus chaud et plus durable que celui d'aujourd'hui ; il ne faut pas être très clairvoyant pour observer qu'à cet égard la force des choses commence déjà à s'accomplir. En effet, nous venons de voir tout à l'heure que l'on ne paie plus à Elbeuf que 9 fr. les primes de France, qui en valaient encore 15 ou 16 il y a six mois... (1) : eh bien ! c'est que ces *primes* sont devenues assez abondantes pour baisser de prix, et qu'à l'instant même elles ont remplacé les deuxième et troisième qualités dans les emplois pour lesquels on s'en contentait auparavant ; ces dernières ont baissé forcément à proportion et ont remplacé à

---

(1) Cette baisse, survenue tout à coup, est beaucoup trop forte pour qu'on puisse la considérer comme durable, et nous ne doutons pas que le cours de ces qualités ne se relève bientôt ; mais il est à craindre qu'il ne remonte plus au point où il était, et qu'il s'arrête au contraire à un degré au dessous, pour retomber encore et se relever de nouveau, mais sans pouvoir jamais regagner tout le terrain perdu, et en subissant de plus en plus cette tendance à la baisse, qui pèse sur lui depuis plusieurs années.

leur tour les qualités inférieures ; mais il n'est venu à l'idée d'aucun fabricant que son drap de 20 *fr. l'aune* en serait *moins beau* et *moins bon*, parce qu'il emploierait à le faire une qualité de laine qui jusqu'alors avait servi à faire du drap de 30, 40 et même 50 fr. Elles sont donc dans une grande erreur les personnes qui pensent que *chaque qualité de drap demande une qualité particulière de laine, et que, comme il faut des draps de toute qualité, il faut encourager la production des laines de toute qualité.*

Énoncer une pareille opinion, c'est montrer qu'on n'a pas suffisamment étudié la chose dont on parle... ; c'est, tranchons le mot, s'exposer à soutenir une absurdité... : en effet, depuis la plus belle prime électorale jusqu'aux *dessous de claies*, aux *débris de toisons* qui sortent du lavage à moitié brûlés et dénaturés par le *crottin* qui les enveloppe encore, aux laines provenant de bêtes mortes de maladies, etc., etc., il n'est pas une seule qualité de laine qui ne trouve son emploi et n'ait sa valeur... Serait-ce donc à dire que toutes ces qualités auraient droit aux mêmes encouragemens ?... Dans la foule des troupeaux que nourrit le sol de la France, il n'en est pas un seul dont les produits ne finissent par trouver un emploi correspondant à leur qualité... : sera-ce donc à dire qu'il faudra bien se garder de rien changer à cet état de choses ; que ce serait se préparer des regrets que de métamorphoser, par le perfectionnement, les plus mauvais troupeaux en troupeaux d'une plus grande valeur, et qu'on devra récompenser et encourager l'incurie ou l'ignorance, auxquelles on est redevable des productions les plus misérables ?

Il importe d'autant plus de combattre cette erreur, qu'elle est assez généralement répandue ; nous supplions donc le lecteur de ne pas passer légèrement sur ce point essentiel.... Nous ne connaissons que trois espèces de laines dont nos fabriques puissent avoir besoin ; savoir, la laine de *carde*, la laine de *peigne* et la laine commune dite *à matelas* ; dans chacune de ces espèces, il existe une foule de nuances de qualités, distinguées par des noms et des prix différens ; les plus belles sont les plus rares, parce que ce n'est d'abord que le petit nombre des producteurs qui sait les créer ; les plus rares sont naturellement les plus chères ; tant qu'elles sont chères, leur emploi se borne à satisfaire les besoins de la classe opulente, c'est à dire du petit nombre ; à mesure qu'elles deviennent plus communes, leur prix baisse et leur emploi augmente ; quand elles sont tout à fait abondantes, *les masses les consomment*... ; mais dans chacune de ces trois sortes, les premières qualités sont toujours préférables pour toute espèce d'emploi, et le producteur doit incessamment viser à les perfectionner.

Aujourd'hui, la laine superfine étant rare et chère, les fabricans ne peuvent pas toujours l'employer seule : forcés de ne pas dépasser un certain *prix de revient* pour les draps dont ils veulent s'assurer le facile écoulement, il faut bien qu'ils économisent sur la perfection du travail et sur la qualité de la matière première ; mais cela ne veut pas dire que leur drap serait d'une qualité inférieure, si, n'épargnant rien pour le faire *solide* autant que *beau*, ils avaient employé la plus belle matière première sans mélange et en suffisante quantité.

Parce que le peintre économise l'outremer et autres couleurs rares et chères, cela ne veut pas dire que ses tableaux seraient moins beaux, s'il en pouvait user à son aise.

Parce que l'on fait de l'argenterie en plaqué, cela ne

veut pas dire qu'elle serait moins belle et moins solide en argent massif.

La laine superfine ne se vendra pas toujours à si haut prix qu'aujourd'hui, il faut bien s'y attendre, il faut même l'espérer; mais, à coup sûr, son prix sera toujours plus élevé que celui de toutes les autres qualités placées au dessous d'elle...

Voilà l'argument décisif et sans réplique; car il suit de là qu'il y aura toujours, dans quelque hypothèse qu'on puisse se placer, avantage à en faire le plus que possible sur chaque bête du troupeau; il ne peut donc plus être question de prendre garde d'en faire trop, puisqu'il serait absurde de s'interdire de produire une qualité qui est assurée d'avoir toujours, tant qu'elle restera la première, le meilleur prix sur le marché, sans que, pour cela, elle ait coûté plus qu'une autre à créer.

Que si, par la suite, il se découvre qu'on peut faire une qualité encore supérieure à celle qu'on regarde aujourd'hui comme la plus belle, ce sera celle-là qu'il faudra prendre pour nouveau but à atteindre... Voilà la marche que trace la force des choses et que, bon gré, mal gré, il faut bien consentir à suivre; car il suffit que quelques uns l'adoptent pour que, tôt ou tard, tous les autres soient forcés d'en faire autant, les premiers recueillant naturellement la plus grande part du profit et laissant la moindre aux traînards.

Maintenant, que nos adversaires n'aillent pas dire qu'en faisant de la laine superfine, *on perd en poids ce qu'on gagne en qualité*; qu'on ne peut l'obtenir que sur des bêtes chétives, affamées, rabougries, etc., etc. : car, outre qu'il n'y a rien là de soutenable en faits, comme en raisonnemens, ils se mettraient en contradiction évidente avec eux-mêmes, puisque nous les entendons répéter chaque jour que c'est une erreur de penser que la taille et l'embonpoint puissent nuire à la qualité du lainage : leur opinion formellement exprimée est qu'on peut faire *la laine la plus belle, aussi bien sur les gros que sur les petits animaux* ; et pour exemples ils citent les troupeaux de Rambouillet, de M. le comte de Polignac, de M. Bourgeois, etc. Les voilà donc forcés de convenir avec nous, d'une part, qu'on ne peut pas trop s'efforcer de produire les plus belles qualités de laine, qu'il ne s'agit pas de s'arrêter, de s'en tenir à ce qu'on a ; mais qu'il faut toujours marcher en avant, sans craindre de cesser de travailler pour les masses... ; et de l'autre, qu'il n'est pas nécessaire pour faire cette laine superfine d'affamer les troupeaux, d'abâtardir et d'affaiblir les races, d'abaisser la taille et de diminuer le poids des toisons, et sur ce dernier point nous nous sommes prêté entièrement à leurs vues, en leur conseillant seulement de ne plus s'attacher à choisir les plus gros béliers, mais d'employer de préférence des béliers superfins relativement plus petits que leurs femelles.

Rien ne paraît donc plus, de ce côté-là, devoir s'opposer désormais à cette amélioration des laines françaises, que nous prêchons depuis si long-temps, et si nous n'avons pas l'espoir de la voir marcher bien rapidement en certains lieux, au moins pouvons-nous compter qu'elle y rencontrera un peu moins d'obstacles; mais il est encore d'autres points sur lesquels nos adversaires font résistance et où il importe de les suivre.

Il est démontré, disent-ils, *qu'en France on perd à l'éducation des troupeaux fins ; il est impossible de lutter avec les étrangers, qui produisent à trop bon marché, et il n'y a de salut, pour le producteur français, que dans l'élévation des droits, si ce n'est même dans la prohibition.*

Laissant de côté toutes questions de tarifs et de mesures d'administration tant intérieures qu'extérieures, plus ou moins propres à relever les espérances de l'agriculture, toutes discussions sur le plus ou moins de possibilité de lutter contre les étrangers, pour l'économie de la production tous calculs comparatifs sur ce que coûte l'entretien du mouton français et ce qu'il peut rendre, et nous renfermant à dessein dans les suppositions les plus défavorables, afin de donner plus de force à nos raisonnemens, mettons-nous à la place du cultivateur relégué au fond de sa province, lisant peu les livres et ne se conduisant que d'après les règles du simple bon sens, et voyons quel pourra être son calcul.

Peut-il d'abord se passer de moutons? A cette question, nous ne croyons pas qu'on puisse faire deux réponses.... Les moutons sont nécessaires à l'agriculture; dans de nombreuses localités, aucun autre bétail ne pourrait les remplacer; la population a besoin tout à la fois de leur fumier pour engraisser les champs, de leur chair pour se nourrir, de leur laine pour se vêtir. Si on ne peut pas rigoureusement se passer de moutons, il faudra qu'on consente à les entretenir, *même quand ils donneraient de la perte;* mais cette nécessité d'entretenir, *même à perte,* des bêtes à laine, changera-t-elle le but et la marche de l'éleveur?... Quand il avait du profit à les nourrir, il s'efforçait sans doute *de gagner le plus que possible...* : maintenant, s'il était vrai qu'il perdît (ce que nous sommes loin de croire), ne devrait-il pas s'efforcer *de perdre le moins possible?*.... Or, les moyens à prendre *pour gagner le plus*, ou *pour perdre le moins*, ne sont-ils pas les mêmes?...

Si on nourrit des moutons pour faire du fumier et de la viande, ne doit-on pas, au moins, accepter, en déduction des frais, ce qu'ils donnent en outre de cette viande et de ce fumier, et comme par dessus le marché, c'est à dire *leur laine?* Sans rien perdre sur la qualité et la quantité de cette viande et de ce fumier, ne peut-on donner à la toison elle-même un prix de plus en plus élevé en la perfectionnant?

Il y a des toisons de quatre à cinq livres en suint, qui valent encore 15 fr., 20 fr., et plus : pourquoi ne pas en faire? Il y a des toisons de huit à dix livres, qui coûtent à produire beaucoup plus que les premières, puisqu'avec les mêmes frais et les mêmes ressources en fourrages et en parcours on n'en fait guère que *deux* pour *trois*, et qui cependant ne valent que 6 à 7 fr. : pourquoi ne pas essayer de *dépenser le moins* pour *avoir le plus?*

Parce que la laine subit une baisse dans son prix de vente, faut-il s'empresser de la faire moins belle, pour justifier ainsi la diminution du prix par une dépréciation de qualité?

N'est-ce pas, au contraire, en raison des obstacles qu'il a à vaincre que le producteur doit redoubler de zèle? Si sa localité est moins favorable qu'une autre, si sa production est forcément plus coûteuse, s'il est loin des débouchés, etc., etc., ne sont-ce pas autant de raisons pour qu'il cherche à contre-balancer par le perfectionnement tous ces désavantages?

Après tout ce que nous venons de dire, il nous est impossible, en vérité, de ne pas considérer comme absolument oiseuses, en ce qui touche la conduite à tenir par l'éleveur, toutes les questions qu'on a mises en avant sur ce que coûte le mouton français et sur ce qu'il faudrait qu'il rapportât, etc., puisqu'il est démontré que dans toutes les hypothèses imaginables, et quelle que puisse être la solution de ces questions, insolubles à notre avis, l'éleveur n'aura toujours qu'un seul parti à prendre, *celui d'améliorer*.

Quant aux lumières que l'Administration pourrait en tirer pour la fixation des bases sur lesquelles doivent être calculés les tarifs de douanes, il est aisé de se convaincre qu'elles seraient nulles : en effet, il faudrait un compte différent pour chaque ferme et pour chaque qualité de toison, et la moyenne qu'on pourrait prendre ne conviendrait probablement à aucun troupeau existant; et puis, ne serait-il pas nécessaire de faire aussi le compte des moutons *espagnol, saxon, hongrois, russe* et *australien*, et ne faudrait-il pas également désespérer de trouver au milieu de tout cela une moyenne à laquelle on pût tant soit peu se fier ?

Le propriétaire de troupeaux n'a donc qu'un seul calcul à faire.

Jusqu'à ce qu'on en vienne à jeter la laine dans la rue sans que personne daigne la ramasser, il y en aura de différentes qualités et par conséquent de différens prix; et il y aura avantage à produire sans plus de frais *les plus belles, qui seront toujours les plus chères,* à moins qu'on admette que les qualités qui sont aujourd'hui regardées comme les plus communes deviennent un jour, par l'effet d'un caprice de mode, les plus distinguées et les plus recherchées. Ah ! si nos dames et nos élégans se mettent à porter des tissus de laine à matelas... ; si l'on prend la fantaisie de couper des tapis ou de grosses couvertures de laine en carrés, pour en faire des schalls, il pourra bien arriver que nous nous soyons fourvoyés dans nos efforts d'amélioration ; mais qu'on soit tranquille, il nous faudra moins de temps et de peine pour rétrograder que pour avancer, et lorsque nous voudrons abâtardir nos troupeaux, ce sera bientôt fait !...

Revenons-en donc au vrai, et ne paralysons pas par des prévisions alarmantes, et, il faut le dire, si peu réfléchies, le zèle qui commence à se manifester sur quelques points de la France, et qui, par les résultats déjà obtenus, semble promettre à la plus importante branche de notre industrie agricole et manufacturière une nouvelle ère de prospérité.

Il est un fait aussi remarquable qu'incontestable, c'est que si beaucoup de propriétaires de troupeaux se plaignent, il en est aussi un bon nombre qui se félicitent du revenu qu'ils ont tiré et tirent encore de leurs bergeries; plusieurs voient ce revenu aller en augmentant et citent l'éducation des troupeaux superfins comme la plus lucrative de toutes les spéculations agricoles: or, les crises commerciales, les baisses, les préjudices qui peuvent résulter de l'introduction des laines étrangères, ne devraient-ils pas frapper également sur tous ?

Demandez donc aux privilégiés comment ils ont fait pour échapper aux souffrances communes... : ils vous répéteront que tout leur secret a consisté à ne vendre leur foin et leur herbe qu'à des moutons assez riches pour payer largement leur pension, c'est à dire à viser à la superfinesse, en renonçant, autant que possible, à créer ces qualités intermédiaires, qui surabondent sur tous les marchés de l'Europe et dont la valeur va, comme nous l'avons vu plus haut, tous les jours en décroissant d'une manière si effrayante et si rapide: c'est dans cette vue qu'ils se sont attachés à distinguer dans leurs troupeaux les animaux qui rendent de ceux qui coûtent, afin de pouvoir multiplier les premiers et se défaire, à tout prix des derniers. Ces propriétaires-là se sont mis de bonne heure à l'abri des événemens, et quoi qu'il arrive, ils seront toujours en meilleure position que ceux qui se seront endormis.

Deux partis semblent s'offrir aux cultivateurs mécontens du revenu de leurs troupeaux... : se décourager, rétrograder, changer leurs mérinos contre des moutons indigènes, et enfin fermer leurs bergeries... ; ou bien, tâcher de faire mieux, changer de méthode, perfectionner, s'efforcer de créer sans plus de frais les qualités qui se vendent encore à très haut prix et qui se vendront toujours plus cher que les autres... :

Comment se fait-il que, de ces deux partis, ils soient plutôt tentés de prendre le premier que d'essayer du second ?

A entendre certains discours et à lire certains écrits, on dirait que ce sont les douanes qui tiennent dans leurs mains le sort de l'agriculture et celui du commerce; cependant ce n'est pas seulement le prix auquel nous pouvons produire et fabriquer, qui nous donne ou nous ôte les moyens de soutenir la concurrence étrangère; il faut croire que la qualité de nos produits doit être pour quelque chose dans le plus ou moins de facilité que nous trouvons à les écouler sur nos propres marchés. S'il était vrai, par exemple, que les laines qu'on tire de la partie orientale de l'Europe ne fussent pas seulement créées à meilleur marché que les nôtres, mais qu'elles fussent encore supérieures en finesse et en qualité, il faudrait convenir que nous aurions à lutter contre deux motifs de préférence au lieu d'un, et encore serait-il difficile de décider lequel de ces deux motifs est le plus important et le plus décisif.

Peut-être une élévation de droits d'entrée suffirait-elle

pour rétablir l'équilibre quant à l'économie de la production; mais les tarifs donneront-ils à nos lainages les qualités qui leur manquent...? Non... En Espagne, les meilleures lois de douanes ne releveraient pas le prix avili des laines mérinos de ce royaume, autrefois les premières du monde, aujourd'hui si peu estimées. Nous avons vu plus haut qu'il ne servait à rien au cultivateur espagnol de produire à bon marché; que ses laines, *faute de qualité*, s'étaient vu préférer celles d'autres contrées...; mais qu'on suppose un instant que, d'un coup de baguette, toutes les dépouilles des troupeaux de la Péninsule soient métamorphosées en toisons supérieures en qualité à tout ce qu'on fait ailleurs... : aussitôt on verra, d'un côté, ces laines recherchées de toutes parts, et payées à des prix au dessus de ceux qu'ont obtenus jusqu'ici les plus beaux lainages de France et de Saxe, et, de l'autre, ces derniers frappés d'une dépréciation relative, qui ira toujours en croissant, à mesure que deviendra plus appréciable la distance qui les séparera de leurs heureuses rivales.

M. le comte de Polignac remarque quelque part que, dès qu'on a commencé à parler du troupeau de Naz, en 1823, les primes de France les plus belles, les siennes, celles de Rambouillet, par exemple, ont été frappées d'une baisse énorme, et il tire de là la conséquence que, loin d'avoir rendu service à l'agriculture française, nous avons fait sa ruine, etc.

Plutôt que de borner l'accusation à l'existence du troupeau de Naz, qui ne produisait, en 1823, qu'un trop petit nombre de toisons pour faire une grande sensation dans le commerce, il eût été plus juste de l'étendre jusqu'aux laines électorales, dont nos fabricans avaient, avant cette époque, découvert la supériorité, et qu'ils avaient commencé à rechercher avec empressement.....; mais Naz ou la Saxe, comme on voudra, était, on ne peut le nier, la cause bien innocente sans doute, mais très réelle, du mal que ressentait M. le comte de Polignac... : en effet, ceux qui s'engagent dans une fausse route d'amélioration, ceux qui rétrogradent ou seulement restent stationnaires, n'ont pas de plus dangereux ennemis que les améliorateurs qui ont eu le bonheur de suivre le bon chemin et de s'approcher du but : la concurrence de ces derniers devient redoutable pour les retardataires (1); mais que faire à cela ? Les mêmes effets sont dus aux mêmes causes partout, dans toutes les industries, dans tous les arts et métiers quelconques; il n'y a rien là qui ne soit dans la nature et dans la force des choses, et les plaintes de M. de Polignac n'arrêteront pas la marche progressive du genre humain vers le degré de perfectibilité que la Providence lui permettra d'atteindre.

Que conclure de tout cela, si ce n'est :

1°. Qu'il ne s'agit pas seulement de produire à bon marché, mais qu'il faut encore que *la qualité* accompagne le bas prix.

2°. Que l'apparition en suffisante abondance, sur quelque point accessible du globe que ce soit, d'une qualité supérieure à toutes celles connues jusque-là dans le commerce, détrône de leur réputation et de leurs prix les qualités qui, auparavant, passaient pour les plus belles.

3°. Que si certaines laines étrangères n'étaient pas plus belles et meilleures que les laines de France, indé-

(1) Voir la note (*a*), page 66.

pendamment de l'économie de leur production, nous n'aurions pas tant à redouter leur concurrence.

4°. Qu'il est, en conséquence, d'une grande importance pour la France de maintenir la *qualité* de ses produits au moins à la hauteur de celle des produits étrangers, et que si ses rivaux ont généralement sur elle l'avantage d'une grande économie dans les frais de production, elle doit d'autant plus s'attacher à se défendre par le perfectionnement, son sol et son climat lui permettant de pousser ce perfectionnement aussi loin qu'on peut le faire ailleurs, et la production du plus beau lainage n'étant pas plus coûteuse que celle du lainage de médiocre qualité, puisque le mérinos superfin ne consomme pas plus que le mérinos ordinaire, et ne demande pas d'autres soins que ceux qu'on donne à ce dernier.

5°. Que, sans parler de la redoutable concurrence de l'étranger, il en est une *non moins dangereuse*, qui s'exerce au dedans même des frontières, et contre laquelle les tarifs de douanes ne sont par conséquent d'aucun secours... : *c'est celle des améliorateurs*... C'est de cette concurrence qu'un grand nombre de troupeaux autrefois en grande réputation se trouvent aujourd'hui les victimes : ce qui montre assez qu'il faut marcher quand la tête marche, sous peine d'être dupe; qu'il ne servirait à rien aux propriétaires des environs de Paris, par exemple, d'obtenir des mesures de douanes contre les laines d'Allemagne, si on ne leur en accorde pas en même temps contre celles de Provence, de Languedoc, de Bourgogne, de Champagne et de tous les lieux; enfin, où l'on peut, en France, créer de la belle laine avec quelque économie relative; et qu'ainsi il faudrait bientôt qu'on vît s'élever des barrières de département à département et de ferme à ferme, pour empêcher les produits des cantons les plus pauvres de venir lutter sur le marché avec ceux des pays de France où la culture est plus coûteuse.

6°. Qu'ainsi, soit qu'ils aient à se défendre contre la concurrence étrangère, soit qu'ils aient à soutenir celle du dedans, les producteurs français ne peuvent rien faire de mieux que de s'efforcer d'améliorer leurs troupeaux.

7°. Que l'Administration enfin, parmi les moyens les plus efficaces de remédier aux maux de l'agriculture, doit mettre *en première ligne* l'amélioration; qu'elle doit s'appliquer à la favoriser de tout son pouvoir, indépendamment de toutes mesures de douanes qu'elle jugerait propres à assurer à la production nationale toute la protection qui lui est due.

Parmi les argumens plus ou moins spécieux dont s'appuient quelques propriétaires qui, dans leur découragement, semblent résolus à se refuser à toute tentative d'amélioration, il en est un qui mérite encore d'être combattu.

« A quoi nous servirait, s'écrient-ils, de faire de la » belle laine? Nous ne trouverions personne qui voulût » nous la payer à sa juste valeur. Les marchands de laine » ne font point assez de différence entre les nuances de » qualités; quelque effort qu'on fasse, quelques succès » qu'on obtienne, ils ne manquent jamais de prétextes » pour déprécier nos produits... : tantôt notre laine est » trop longue de mèche, tantôt elle est trop courte; tantôt ils la veulent *frisée*, tantôt *plate* et *lisse*..; ils se » font la règle de ne payer aucune laine, si belle soit-elle, » au dessus d'une limite calculée sur un prix moyen le » plus bas possible, et nous sommes toujours forcés de » subir leur loi, parce qu'il leur est facile de s'entendre

» entre eux, tandis que nous restons isolés et toujours
» dans l'ignorance des circonstances commerciales qui
» peuvent influer sur le cours..... »

Il a pu y voir pendant long-temps quelque chose de fondé dans ces plaintes; nous l'avons senti autant que personne, et nous nous sommes de bonne heure efforcé de rechercher les moyens de les faire cesser. C'est même particulièrement dans cette vue que nous avons fondé à Croissy *un lavoir à façon* sur des bases qui ne permettent pas de le confondre avec aucun autre établissement de ce genre, et qui nous paraissent propres à faire profiter chaque troupeau, chaque classe de troupeau, chaque bête enfin, selon son mérite. Cet établissement est maintenant à sa deuxième année d'existence; nous nous proposons de publier prochainement un rapport sur ses opérations de l'année 1828; la lecture de ce rapport montrera l'importance des résultats que donne et que promet ce *lavoir à façon*, et combien il serait à désirer qu'il s'en établît un nombre suffisant en France qui offrissent de suffisantes garanties, et qui adoptassent un mode de gestion semblable au nôtre. Aucun moyen, à notre avis, ne saurait être aussi efficace pour donner une grande impulsion à l'amélioration.

En effet, l'étude et la connaissance des différentes qualités de laine que produit un troupeau, que produit une seule toison, étant loin d'être suffisamment répandues parmi les éleveurs, et cette étude et cette connaissance pouvant seules les guider dans le choix de l'étalon, dans le classement des animaux, dans les réformes à opérer, il faut nécessairement qu'on y supplée là où elles manquent... Voilà précisément l'avantage qu'offre notre lavoir à façon : le propriétaire reçoit le compte fidèle et détaillé de ce que produit *chaque classe de bêtes* de son troupeau ; il voit clairement celles de ces bêtes qu'il a intérêt à multiplier, et celles qu'il doit réformer. La comparaison exacte qu'il est à même de se faire de leurs produits différens lui fait toucher au doigt les avantages qu'il peut se promettre de leur amélioration successive, et si elle ne le met pas entièrement à l'abri des fluctuations du cours, au moins elle lui indique les moyens les plus sûrs d'y échapper le plus que possible.

Mais, en attendant que nos idées sur ce sujet si important soient généralement adoptées et portent leur fruit, nous devons faire remarquer aux propriétaires dont nous venons de rapporter les plaintes ce que, selon nous, elles renferment d'exagéré...

Outre qu'il est facile d'observer que les marchands de laine vont s'éclairant eux-mêmes de jour en jour et que déjà la force des choses les amène à rechercher, à se disputer les lots reconnus les plus beaux et par conséquent à les payer à des prix correspondans à leur véritable valeur, nous sommes tenté de croire que tel propriétaire qui se plaint que le marchand ne fait pas assez de différence entre le prix qu'il lui accorde pour sa laine et celui qu'obtient son voisin se fait lui-même quelque illusion sur le degré de supériorité relative qu'il croit avoir acquis. Dans le grand nombre de troupeaux qui ne fournissent que ces sortes de laines si abondantes en France et qu'on appelle *laines intermédiaires,* il existe sans doute des nuances plus ou moins marquées... ; mais ce sont toujours là des laines *intermédiaires,* et ce ne sont pas celles-là qui peuvent prétendre à être mises tout à fait hors de ligne ; le petit nombre de troupeaux français vraiment dignes d'être distingués et de jouir d'une notable différence dans le prix de leur laine sont tous arrivés à obtenir à peu de chose près cette différence de prix proportionnée à leur mérite réel : au moins, n'en connaissons-nous pas un seul qui soit jusqu'ici resté confondu avec les troupeaux intermédiaires. S'il en existait encore sur quelques points de la France, il serait facile à leurs propriétaires de les faire connaître, soit en portant, comme nous l'avons fait nous-même, quelques toisons en fabrique pour en faire faire l'essai sous leurs yeux, soit en s'adressant à quelque personne de confiance qui pût prendre à Paris ou ailleurs l'avis de connaisseurs désintéressés, soit enfin, nous ne craignons pas de le dire, en essayant du *lavoir à façon de Croissy*. Mais, encore une fois, rien de plus commun que les illusions que l'on est porté à se faire sur le mérite de ses propres produits, lorsque, surtout, on n'a pas fait de la laine une étude particulière, en comparant avec soin ses propres résultats à ceux obtenus par d'autres en divers lieux ; lorsque, en un mot, on n'est pas parvenu à être assez connaisseur pour apprécier exactement les nuances qui distinguent entre elles les diverses qualités de lainage.

On peut donc être fondé à croire que parmi les producteurs qui crient à l'injustice des marchands et fabricans, il en est qui réclament la récompense d'efforts qu'ils n'ont pas faits, de succès qu'ils n'ont point obtenus. Les marchands de laine, qui font, en général, depuis quelques années, de si mauvaises affaires, ont plus souvent à regretter d'avoir payé trop cher qu'à se féliciter d'avoir fait de bons marchés; le nombre des lots qui donnent du bénéfice n'est pas grand, et, si l'on écoute nos adversaires, il ne tardera pas à diminuer encore.... Au moins, n'aurons-nous pas à nous reprocher de n'avoir rien fait pour éviter ce triste résultat..... :

publication du fruit de nos observations et de nos recherches, exemples de pratique à l'appui de nos théories, fondation d'établissemens destinés à devenir éminemment utiles, nous n'avons rien négligé, malgré les obstacles de toute nature que nous ont suscités les circonstances de crises commerciales au milieu desquelles nous avons débuté, et plus encore le peu de bienveillance et d'appui que nous avons trouvé dans ceux qui les premiers devaient encourager nos efforts. Peut-être un jour nous saura-t-on quelque gré de notre persévérance : cette pensée nous suffit.

En attendant, nous ne pouvons nous empêcher de remarquer que ceux-là mêmes qui se sont montrés le plus opposés à l'amélioration, et qui continuent à s'élever publiquement contre nos conseils, en ont fait en secret leur propre profit; ils ont senti qu'il était temps de songer un peu plus qu'ils ne l'avaient fait jusque-là à la finesse de la laine dans le choix du bélier. Nous savons que, dans certaines bergeries, des ordres ont été donnés en conséquence, et en cela nous avons peut-être à nous féliciter d'avoir là, comme ailleurs, contribué à réveiller une émulation qui ne restera pas sans résultats.

Nous avons dit ci-dessus que nous ne connaissions que trois espèces de laine qui fussent nécessaires à nos fabriques, savoir :

La *laine commune,* dite *laine à matelas* ou *à lisières ;*

La *laine de peigne,* destinée à la fabrication des *étoffes rases ;*

Enfin, la *laine de carde,* propre à la confection des *tissus feutrés,* c'est à dire de la *draperie* proprement dite.

Il ne nous paraît pas inutile de signaler ici quelle est

celle de ces trois espèces dont la production doit être, à notre avis, le plus particulièrement encouragée en France.

Plusieurs parties de la France, comme la *Sologne*, les *Landes*, et autres terroirs analogues, paraissent condamnées à ne produire que de la laine commune; certaines races particulières se sont, par une longue habitude, accommodées de ces localités, qui, marécageuses en grande partie, semblent repousser les races perfectionnées; mais dans d'autres provinces, où l'on nourrit encore de nombreux troupeaux indigènes et où nul obstacle ne paraît s'opposer à l'éducation des troupeaux, il semble que le sol a trop de valeur capitale pour qu'on doive se contenter du peu de revenu que donne le mouton commun; et nous regardons comme hors de doute que les cultivateurs, en se livrant davantage au métissage, augmenteraient leurs produits en laine sans rien perdre des bénéfices que leur assurent la vente des moutons de boucherie et le produit du fumier (1). Il ne pourrait y avoir aucun inconvénient à ce que la France reçût du Levant, ou d'ailleurs, une plus grande quantité de laines communes, si elle-même trouvait avantage à produire, sans beaucoup plus de frais, d'autres sortes supérieures en valeur.

Les Anglais, autrefois si jaloux de la production exclusive des laines *longues, lisses, lustrées*, ont tout à coup toléré, si ce n'est ouvertement permis, l'expor-

---

(1) La compagnie à la tête de laquelle s'est placé M. Ternaux l'aîné rendra d'éminens services en poussant dans cette voie les agriculteurs qui, jusqu'ici, ont borné leurs efforts à la production de la laine indigène; et si elle ne travaille pas aussi directement au perfectionnement des troupeaux déjà très améliorés, au moins contribuera-t-elle puissamment aux progrès du métissage.

tation des animaux qui la fournissent ; la France s'efforce aujourd'hui d'acclimater sur son sol cette race d'animaux... Malgré que plusieurs essais jusqu'ici aient été malheureux , il est plus que certain qu'elle possède un grand nombre de localités favorables à leur éducation, et peut-être n'est-ce que parce qu'on n'a pas toujours su choisir avec assez de discernement ces localités, que quelques propriétaires ont vu les résultats tromper leur espoir. Il est donc à croire que cette introduction réussira là surtout où le mouton mérinos a le plus de peine à prospérer : l'éducation des races anglaises pourra être ainsi, en de certains lieux, une précieuse ressource pour l'agriculture ; mais il est incontestable que l'éducation des mérinos offre de bien plus grands avantages dans les nombreuses localités qui leur sont favorables en France, et que, par conséquent, c'est elle qui doit être le plus particulièrement encouragée.

Ces avantages consistent principalement dans les considérations suivantes :

1°. La laine anglaise, étant spécialement destinée à la fabrication d'étoffes *rases, légères, de mode* et *de fantaisie*, on ne peut pas s'attendre à ce que la consommation en soit jamais aussi importante et aussi générale que celle de la *laine de carde*, avec laquelle on fabrique des étoffes *épaisses* et *chaudes*, en même temps que *douces* et *moelleuses*.

2°. Le prix de la laine anglaise sera probablement condamné à rester à un taux relatif très bas, attendu que, sauf pour quelques qualités de luxe, les fabriques de Reims, Rétel, etc., ne peuvent espérer d'écoulement pour leurs étoffes rases et légères, qu'autant qu'elles seront livrées à très bon marché, comparativement au prix de la draperie toujours supérieure en durée et en qualité.

L'Angleterre laissant librement sortir cette matière première, il faudra que l'agriculture la puisse fournir à nos fabriques à aussi bas prix que le commerce, ce qui ne lui laisse que peu ou point de marge de bénéfice, à moins que l'on ne frappe ces laines d'un fort droit d'entrée; mais alors nos fabriques d'étoffes rases cesseront de jouir de l'avantage qu'on leur avait fait espérer, en leur facilitant l'acquisition d'une matière première dont elles ne pouvaient se passer pour la confection de ces étoffes, demandées avec instance par de nombreux consommateurs, et qu'on ne pouvait jnsqu'ici se procurer, en France, que par contrebande; car de longtemps l'agriculture ne pourra en fournir une quantité suffisante pour que les manufactures puissent donner quelque extension aux nouveaux établissemens qu'exigeront leur filature et leur emploi. Ainsi l'agriculture, d'un côté, ne pouvant se trouver encouragée à produire qu'autant qu'elle sera assurée d'un débouché avantageux et suffisant; et, d'un autre côté, les fabriques ne pouvant se risquer à monter des filatures et des tissages qu'autant qu'elles seront également assurées d'avoir, dès l'abord, de la matière première à bon marché et en abondance, il peut arriver que l'industrie agricole et l'industrie manufacturière s'attendent l'une l'autre, tout comme on voit, dans certains quartiers de Paris nouvellement bâtis, les habitans attendre pour les peupler qu'il y ait des fournisseurs, et les fournisseurs attendre pour s'y établir qu'il y ait des habitans.

Indépendamment de cela, l'agriculture ne pouvant marcher aussi vite que les besoins actuels de nos fabriques d'étoffes rases, ces fabriques seront portées à réclamer la libre entrée des quantités de laine qu'elles ne peuvent attendre de cette agriculture et que le commerce leur offre..... Mais alors, les producteurs qui se se seront voués à l'éducation des races anglaises se plaindront avec raison qu'on veut leur enlever toute protection pour une industrie nouvelle, qu'on paralyserait ainsi à sa naissance, en leur ôtant toute possibilité de lutter contre la concurrence étrangère : il ne nous appartient pas de rechercher quels moyens l'Administration pourra employer pour échapper à cette difficulté; mais il n'en reste pas moins vrai qu'elle suffit, en attendant, pour que les propriétaires chez qui les mérinos peuvent vivre s'attachent d'abord à les perfectionner sans trop se presser de changer cette race contre une autre, qui est loin de promettre les mêmes avantages.

3°. Le mouton anglais, qui consomme relativement plus que le mérinos, ne peut être conservé au delà de l'âge de trois ans au plus; passé cet âge, il doit être livré à la boucherie, attendu que sa toison paraît devenir de plus en plus grossière à mesure qu'il vieillit, et que d'ailleurs l'animal, par suite du régime auquel il est soumis, succomberait aux atteintes de la *cachexie aqueuse*, vulgairement appelée *pourriture*, à laquelle les races anglaises sont, quoi qu'on en ait dit, sujettes comme les mérinos, malgré que ce soit, il est vrai, à un moindre degré.

Après ce que nous venons de dire des *laines communes* et des *laines de peigne*, il serait superflu de se livrer à de grands développemens pour démontrer combien la production de la *laine de carde* surpasse en importance celle des deux autres sortes, et l'Administration ne nous paraît pas pouvoir hésiter long-temps sur la question de savoir laquelle des trois a le plus de droits à sa sollicitude.

Mais il est temps de nous arrêter : l'important sujet que nous avons voulu de nouveau aborder aujourd'hui est vaste et pourrait nous entraîner beaucoup trop loin.

Au moment où le Gouvernement du Roi semble prendre au sort de l'Agriculture et de l'industrie un intérêt plus vif, et fait de toutes parts un appel aux lumières dont il peut avoir besoin pour éclairer les questions qui les touchent de plus près, nous avons cru utile de rappeler les vrais principes, qui doivent guider dans leur marche les propriétaires de troupeaux, et de réfuter de nouveau quelques unes des erreurs qui pouvaient les égarer.

Nous avons l'intime persuasion que les points les plus importans paraîtront maintenant, aux lecteurs impartiaux et désintéressés, suffisamment éclaircis, et seront par conséquent considérés comme pouvant désormais être mis hors de discussion.

Ce ne serait pas peu de chose que d'être ainsi parvenu à débarrasser l'esprit des éleveurs de cette foule de doutes, de préjugés, de fausses appréhensions dont jusqu'ici on semble avoir pris à tâche d'entraver leur volonté.

Certes nos théories se présentent escortées de trop de faits incontestables pour qu'il soit désormais facile d'en nier la vérité; l'expérience a parlé assez haut en leur faveur, tant au dehors qu'au dedans; et sans citer ce qui se fait à l'étranger et dans quelques bergeries françaises, où l'on a introduit des types améliorés de Saxe ou d'ailleurs, et pour ne parler que de ce qui est plus directement à notre connaissance, c'est à dire des résultats obtenus à Naz ou dans les colonies de Naz, nous pouvons déjà présenter des masses de preuves assez convaincantes pour ne plus laisser le moindre doute sur les avantages de l'amélioration. Assez remarquables sont les succès de MM. *de Jessaint* (Marne); *de Grisony* (Gers); *Lasserre* (*id.*); *Clausel* (Ariége); *Arnauld* (*id.*); *Bonnet* et *de Moux* (Aude); *Viguerie* (Haute-Garonne); *Truchy-Grenier* (Côte-d'Or); *Monot-le-Roy* (Aisne); *Boullenois* (près Paris); *de Lafayette* (Seine-et-Marne); *Moët* (Marne); *Lachappelle de la Rouge* (Ain); de Mme. la marquise *de Saint-Fargeau* (Eure-et-Loir), etc., etc.

On peut encore proposer, comme bons à suivre, les exemples de MM. *Dupreuil de Pouy* (Aube), *de Frénilly* (Aisne), *de Gouvion-Saint-Cyr* (Eure-et-Loir), *Le Semellier* et *de Germay* (Meuse), *de Lapeyrouse* (Haute-Garonne), *Bernard Seigneureux* (Tarn); *de Mallac* (Lot-et-Garonne), et de tant d'autres, sans parler des agriculteurs étrangers, qui, de *Suisse* (1), de *Wurtemberg*, d'*Autriche*, de *Hongrie*, de *Crimée* et même des *Terres australes*, sont venus chercher à Naz l'amélioration dont ils croyaient avoir besoin.

Si, après avoir fait beaucoup de bruit, à leur appa-

---

(1) Dans un écrit tout récent de M. Tessier, nous trouvons en note (à la page 17) une citation extraite d'un mémoire lu à la Société d'Agriculture de Turin, laquelle citation tend à faire croire que la race de Rambouillet continue à se perpétuer sans mélange à Lancy, dans le troupeau que M. Charles Pictet a laissé à son digne fils : nous croyons devoir rappeler ici que, quelques années avant sa mort, ce célèbre agronome, dont la perte a été si vivement sentie, avait réformé ses propres étalons pour les remplacer par des béliers de *Naz*, lesquels lui donnèrent les résultats les plus remarquables; il fit en même temps l'acquisition d'un noyau de bêtes de Naz, qu'il envoya en Crimée pour hâter l'amélioration des nombreux troupeaux qu'il possédait dans cette contrée.

rition, les laines superfines de Saxe ou de Naz avaient tout à coup vu s'évanouir leur réputation ; si les nombreux essais qu'on en fait journellement en France, comme en Angleterre et en Belgique, avaient fait ressortir aux yeux des fabricans les défauts qu'on leur reproche ; si les troupeaux qui les fournissent étaient, comme on l'a si faussement prétendu, *chétifs, malingres, affamés et rabougris*, depuis long-temps on ne parlerait plus ni de ces bêtes ni de leurs toisons; leur succès n'eût été qu'éphémère, et les producteurs, qui, dans leurs intérêts particuliers, avaient pu, au premier instant, s'alarmer de ces succès, se seraient bien vite rassurés et n'auraient pas même eu besoin de mettre la main à la plume pour les discréditer... ; mais voilà bien des années que cette réputation va grandissant, et l'on n'entend pas dire, comme le remarque fort bien M. Deby (voyez le *Bulletin des Sciences agricoles,* janvier 1829, page 43), que les troupeaux superfins meurent *plus souvent* que d'autres, ni que leur laine perde de son prix. Au contraire, d'un côté, les fermiers commencent à citer nos petits béliers comme plus vigoureux et plus hardis à la lutte que ceux qui ne se distinguent que par leur haute taille et leur excessif embonpoint ; et, de l'autre, les recueils agronomiques (*voyez* le dixième *Bulletin de la Société d'amélioration des laines*) proclament les prix élevés qu'obtiennent les toisons provenant des colonies de Naz.

Il est à croire que ceux qui ne voient que des dangers dans l'amélioration finiront par se rendre à l'évidence de ces faits, et que, dans leur propre intérêt, ils jugeront qu'il vaut encore mieux profiter de ses progrès que de persister à la combattre en pure perte....

Au surplus, laissant au temps à les convaincre et à

achever son œuvre, nous n'exprimerons qu'un seul vœu, c'est que l'Administration, dans les mesures que sa sagesse lui inspirera pour venir au secours de l'industrie agricole, s'applique à laisser aux différens systèmes qui pourraient encore se partager les opinions des éleveurs, un champ entièrement libre, en ménageant aux uns comme aux autres des armes égales, en les plaçant sur la même ligne et les abandonnant à leurs propres forces.

Les Directeurs de l'Association rurale de Naz,

F. GIROD (de l'Ain),

Vicomte PERRAULT DE JOTEMPS.

Croissy, le 10 avril 1829.

Note de la page 51.

(*a*) Dès que les expériences authentiques faites sur les laines de *Naz*, à Sedan, en 1823; la décision du jury d'exposition, qui nous décerna, pour la première fois, cette même année, *la première médaille d'or* pour les laines superfines, et la publication du *Nouveau Traité*, en 1824, eurent mis notre troupeau en évidence, nous dûmes nous attendre à avoir quelque lutte à soutenir, quelques attaques à repousser.... En effet, d'autres que nous avaient été jusque-là en possession du premier rang, comme propriétaires de troupeaux; d'autres que nous semblaient avoir seuls autorité pour diriger les éleveurs dans la conduite de leurs bergeries... Quelque soin que nous prissions pour n'être hostiles envers personne, nous n'en venions pas moins blesser certains intérêts particuliers, et surtout, il faut le dire, certains amours-propres; nous montrions de la laine plus belle que celle qu'on avait faite jusqu'alors en France; nous professions des doctrines qu'on pouvait appeler nouvelles, et qui ne s'accordaient pas en tous points avec ce que l'on avait enseigné avant nous; les faits, les calculs que nous présentions, quoique rigoureusement exacts, paraissaient extraordinaires, et devaient être taxés d'exagération; on devait refuser d'y croire; mais que fallait-il faire pour éviter ces effets si naturels et si communs de toute rivalité? Était-ce notre faute si telles bergeries, malgré leur grande importance, le nom et le crédit de leur propriétaire, n'étaient nommées qu'après les nôtres dans le Rapport du jury ?... Était-ce notre faute si tel autre propriétaire n'obtenait qu'une médaille de bronze lorsqu'une médaille d'or nous était décernée?... Et cependant, nous ne pouvons nous le dissimuler, c'est là probablement la source des attaques si injustes et si peu mesurées dont nos établissemens ont été les objets...

Nous avons cru utile de repousser quelques unes de ces attaques, et peut-être n'avons-nous pu toujours modérer autant que nous l'aurions voulu la vivacité de nos répliques; mais le public agricole, spectateur du débat, nous rendra la justice de reconnaître que jamais nous n'avons été les agresseurs... Nous eussions trouvé de mauvais goût de nous ériger ainsi, sans mission et sans y être provoqués, en juges des efforts et des succès de nos confrères les autres propriétaires de troupeaux; et si nous avons pu et dû critiquer certains systèmes d'éducation que nous considérions comme propres à égarer les éleveurs; si même nous n'avons pas craint de signaler les fautes qui, selon nous, se commettaient dans les bergeries royales, c'est que nous avons considéré ces bergeries comme des établissemens publics, dont les administrateurs, salariés par le Roi ou par l'État, étaient naturellement responsables, vis à vis de l'agriculture française, de la direction qu'ils lui imprimaient... Mais jamais il ne nous serait venu à l'idée de prendre la plume dans le but presque unique de dénigrer telle ou telle bergerie particulière, sans la connaître et sur de simples présomptions, aussi hasardées que défavorables.

Deux propriétaires se sont attachés, dans des écrits plus ou moins récens, à réfuter nos doctrines et à déprécier nos produits; tous les deux ont parlé du troupeau de Naz sans s'être donné la peine d'aller le visiter; ils ne sont pas même venus voir à Croissy le dépôt d'animaux de vente que nous y entretenons ordinairement. S'il était vrai (comme on nous l'a assuré sans que nous ayons voulu y ajouter foi) que l'un d'eux, M. B***, s'y fût présenté une fois *incognito* et qu'il eût passé quelques instans dans la bergerie sans permettre qu'on nous avertît, nous aurions à lui témoigner notre regret d'avoir été ainsi privés de l'occasion de faire sa connaissance; mais une pareille démarche serait propre à nous faire supposer qu'il n'était pas décidé à voir et à juger sans prévention et dans la seule intention de s'éclairer : autrement, il n'eût pas manqué de chercher auprès de nous les renseignemens et éclaircissemens que nous pouvions seuls lui donner, et dont il avait absolument besoin pour ne pas s'exposer à porter un faux jugement sur l'ensemble de notre troupeau. En effet, les animaux sur lesquels le hasard a dû faire porter son examen ne pouvaient individuellement que lui donner l'idée du mérite de la classe dont chacun d'eux faisait partie, et s'il fût arrivé qu'il n'eût dirigé son attention que sur des animaux des classes inférieures, il aurait pu injustement attribuer leurs imperfections à nos classes d'élite et au troupeau tout entier.

Quand on prétend juger avec autant d'assurance une chose délicate en elle-même, et prononcer d'une manière aussi tranchante, pour ne rien dire de plus, sur le degré de mérite d'un établissement important et dont l'actuelle prospérité est due à plus de trente ans de soins persévérans et d'expériences entreprises dans un but louable et profitable aux intérêts généraux de l'industrie, autant qu'à l'intérêt particulier de ses propriétaires, il semble qu'il y a un peu plus de précautions à prendre; qu'on ne peut voir les choses de trop près, et qu'on doit surtout éviter d'appuyer ses argumens sur des faits évidemment inexacts. Or, il serait peut-être utile de relever tous ceux qui, dans l'écrit de M. B*** (lequel n'est parvenu que depuis peu de jours seulement à notre connaissance), nous ont paru devoir être ainsi qualifiés, et de réfuter en détail les erreurs et les contradictions dans lesquelles il est, selon nous, fréquemment tombé; mais, outre qu'une partie de ces erreurs se trouvent déjà naturellement combattues dans le texte ci-dessus, nous avouons que le genre de critique qu'a adopté M. B***, et qui nous paraît si peu usité et si peu convenable entre gens qui ne veulent que s'éclairer mutuellement, nous fait éprouver une grande répugnance à entreprendre la réfutation méthodique de son écrit.... Le temps éclaircira peu à peu les points qui peuvent paraître encore douteux aux yeux des cultivateurs impartiaux et désintéressés; quant aux autres, on ne peut espérer de leur faire entrevoir la vérité que lorsqu'ils auront cessé de prendre la prévention pour guide.

Toutefois, nous ne croyons pas pouvoir nous dispenser de répondre succinctement à quelques assertions qui, si elles n'étaient contredites, pourraient passer comme choses admises, et induire en erreur les personnes qui ne seraient pas placées pour en découvrir le peu de fondement.

M. B*** fait (pages 3 et 4) des animaux de Saxe, et de ce qu'il appelle ailleurs leurs analogues, une description qui prouve qu'il ne les connaît pas, ou qu'il n'en a vu que des échantillons de rebut... Nous l'engageons fortement à faire, pour sa propre instruction, quelques voyages, qui, nous n'en doutons pas, rectifieront ses idées sur plusieurs points essentiels.

Son opinion sur les caractères que doit offrir la laine perfectionnée, laquelle doit avoir, dit-il, *l'apparence du coton et de la ouate*, est en opposition avec celle des propriétaires et des fabricans les plus instruits.

Nous avons dit, en effet, que les laines de Naz rendaient 40 pour 100 au lavage à chaud, et nous avons même pu porter ce rendement à 45 pour 100, sans sortir des limites de la vérité; mais nous n'avons pas *fixé*, comme le prétend M. B*** (voy. la page 7), *le rendement des toisons de la grande race à 20 pour 100*; on peut voir ce que nous avons dit sur le rendement comparatif des toisons plus ou moins lourdes, dans le 3e. *Bulletin de la Société d'amélioration des laines* (page 14), et on s'étonnera que nous ayons pu être si mal compris.

M. B***, quand il parle des races superfines en général, affecte de les désigner toujours par la qualification de *petites races très peu nourries, faibles et languissantes*; il y a double erreur dans cette qualification : les animaux superfins que nous possédons sont de *moyenne* taille, en parfaite santé, en bon état de chair, hardis et vigoureux à la lutte, et, par conséquent, *très suffisamment nourris*;

nous nous sommes toujours élevés avec autant de force contre l'insuffisance de nourriture que contre l'*excès* de la taille et de l'embonpoint. C'était dans le système du poids *excessif* des animaux et des toisons et dans l'oubli des qualités du lainage qu'était le plus grand mal : c'est donc contre ce système que nous avons cru devoir d'abord diriger nos plus fortes attaques; mais il serait injuste de nous faire dire ce que nous n'avons pas dit, et de nous faire aller plus loin que nous n'avons voulu aller : ainsi, nous n'avons jamais prétendu qu'il fallût employer à la reproduction les béliers et les brebis les plus fins, *quelles que fussent, d'ailleurs, leurs défectuosités;* nous ne pouvons accepter ce reproche; nous n'avons point commis pareille faute dans notre pratique; nos résultats le prouvent... Nous le répétons, on mettait *la taille excessive*, *les plis*, *les colliers*, *les formes les plus bizarres*, *et le poids de la toison en suint*, avant tout : nous avons pensé qu'il fallait d'abord songer au perfectionnement de la laine et à l'égalité de toutes les parties de la toison, et *ensuite* aux autres qualités désirables, comme celle du *tassé véritable*, sans jamais perdre de vue *la bonne* conformation.

On a peine à s'expliquer pourquoi M. B*** s'efforce, d'un bout à l'autre de sa brochure, de combattre le système débilitant et d'en faire ressortir les nombreux inconvéniens : bien peu de cultivateurs tombent dans ce fâcheux système, que personne, à notre connaissance, n'a jamais entrepris de défendre; c'est, en vérité, vouloir se battre contre les moulins à vent que de porter la discussion sur ce terrain-là; et l'on ne fera jamais croire à personne qu'il y ait urgence de prémunir, dans les circonstances présentes, les propriétaires français contre une pareille erreur.

M. B*** insiste (page 12) sur ce que les laines mérinos n'ont point dégénéré en France, mais qu'au contraire elles l'emportent de beaucoup sur les laines d'Espagne, qui autrefois leur étaient préférées : nous reconnaissons là les raisonnemens des partisans de la vieille école : sans doute, ils ont raison de dire que les laines françaises sont meilleures que celles d'Espagne; mais qu'on se rappelle donc que ces dernières se vendaient bien quand il n'y avait rien au dessus d'elles; qu'il en a été de même pour les laines de France; que le prix de la généralité de celles-ci s'avilit de jour en jour, parce que d'autres les ont surpassées. Que M. B*** s'enquière de la suite du cours pour les primes françaises depuis plusieurs années; on les a vues successivement à 24, à 22, à 20, à 18, à 16 fr. le k°., lavées à chaud. Ce dernier chiffre, comme nous l'avons déjà dit, exprimait encore leur prix en septembre 1828, et maintenant ce prix est à 9 fr. : tout cela n'empêche pas qu'il n'y ait encore des laines aujourd'hui qui se paient 20, 25 fr. et plus! Mais ce ne sont plus les mêmes.

L'échelle des prix correspondans à celle des qualités aboutit aujourd'hui plus haut qu'autrefois ; c'est à dire que jamais les plus belles léonaises n'ont obtenu les prix qu'obtiennent en ce moment les qualités superfines de Saxe ou de Naz : on pourrait donc dire que la laine a plutôt haussé de valeur que baissé ; il y a eu déplacement dans les prix ; les qualités qui jouissaient de la première réputation et de toute la faveur qui l'accompagnait ont été remplacées par d'autres, qui sont venues s'emparer à leur tour de tous ces avantages ; mais ces avantages n'ont pas cessé d'exister et même de s'accroître pour ceux qui ont su les recueillir.

M. B*** entreprend de réfuter le passage (page 171) du *Nouveau Traité* où nous faisons la comparaison de valeur des toisons de première et de médiocre finesse : on ne peut relire ce passage sans s'apercevoir à l'instant que la réfutation porte complétement à faux, et que les conséquences que tire M. B*** montrent encore que nous n'avons pas là, plus qu'ailleurs, eu le bonheur de nous faire comprendre de lui.

M. B*** dit (page 17) *que sur des terres fertiles où il pousse beaucoup d'herbes, les gros animaux prennent une plus grande quantité d'alimens sans qu'il en coûte davantage au propriétaire, et il étend cette observation à la nourriture d'hiver, puisque*, ajoute-t-il, *une même étendue de terrain en produit davantage, sans donner lieu à des frais de culture plus considérables.* Ce raisonnement peut paraître spécieux aux yeux des propriétaires qui n'ont jamais essayé de se rendre compte de ce que vaut et de ce que coûte tout ce qui se produit sur leurs domaines, non seulement en raison de ce qu'ils en retirent, mais encore de ce qu'ils pourraient en retirer; mais il n'est pas difficile d'en faire ressortir le peu de solidité : M. B*** le sent bien; car il se hâte de prévoir l'objection et s'efforce de la combattre d'avance, mais c'est en vain; il nous paraît qu'il lui laisse toute sa force : si, au lieu de nourrir avec les mêmes ressources en herbes et en fourrages cent grosses bêtes, dont le revenu net serait, par exemple, de 10 fr. par tête, un propriétaire pouvait en nourrir cent cinquante de moindre taille, dont le revenu individuel serait de 15 fr., ce propriétaire n'aurait-il pas à faire avec ces dernières un bénéfice réel de 1,250 fr.? Or, s'il renonçait volontairement à ce bénéfice, qu'il aurait pu facilement se procurer, ne s'imposerait-il pas une perte d'autant ? Serait-il vrai alors de dire, comme M. B***, *qu'il n'en coûte pas plus sur un terrain fertile de nourrir de grosses bêtes qu'un même nombre de petites? Cela se prend sur le domaine, cela ne coûte rien.* Voilà le langage d'un trop grand nombre de cultivateurs en France; mais, au moins, ils n'impriment pas de semblables argumens.

M. B*** (page 19) range les *southdowns* et les *negretti* parmi les races de petite taille.... Quelle erreur!....

Plus loin, M. B*** conclut de ce que certains troupeaux métis ne gagnent plus rien en finesse depuis plusieurs années, qu'*ils sont arrivés au plus haut point d'amélioration de la laine* : il veut, sans doute, dire *au plus haut point qu'ils puissent atteindre*... Quoi qu'il en soit, la conséquence nous paraît quelque peu hasardée, et nous avouons que notre surprise serait extrême si l'on parvenait à nous prouver par l'expérience que l'introduction de béliers purs, superfins et vigoureux dans ces troupeaux ne pourrait plus désormais y produire aucune amélioration.

M. B*** avance comme *un fait constant qu'il existe des bêtes de première finesse parmi celles de la plus forte taille*... Si ce sont des exceptions, ces exceptions ne font que confirmer la règle que nous avons cru établir et que nous avons, au surplus, toujours renfermée dans les termes suivans ou leur équivalent : *En général, ce ne sont pas les plus grosses bêtes d'un troupeau qui sont les plus fines*... Ensuite, il y a *finesse* et *finesse*, et, sur ce point, une assertion n'est qu'une assertion. Pour juger, il faudrait mettre simultanément, sous des yeux très exercés, des élémens de comparaison bien choisis.

Nous laissons l'opinion de M. B*** sur le *suint jaune* pour ce qu'elle est : M. B*** n'est ni laveur ni fabricant; s'il le devient jamais, il n'attachera à la couleur du suint que l'importance qu'elle mérite : en attendant, nous croyons pouvoir engager les producteurs dans les troupeaux desquels ce suint jaune se rencontre à ne pas croire pour cela leur laine trop dépréciée.

Sur la fin de sa brochure M. B***, cessant de mêler à ses critiques ces demi-éloges qui ne sont souvent destinés qu'à leur servir de passeport, donne à son argumentation une couleur si peu conforme au caractère que doit présenter toute discussion polie, que nous répugnons de plus en plus à le contredire davantage. Il nous reste, cependant, encore quelques mots à ajouter.

Persistant toujours dans son injuste appréciation de notre pratique et de nos résultats, il s'écrie que ce *n'est pas avec des bêtes aussi petites, aussi peu nourries, aussi faibles que celles du troupeau de Naz, que la culture des prairies artificielles aurait pu se généraliser, etc.; il demande si, malgré tous nos efforts, nous sommes parvenus à faire adopter nos petits animaux aux cultivateurs... Enfin, il croit pouvoir prophétiser que nous n'y parviendrons jamais*...

Nous nous contenterons de faire observer qu'avec le fumier de nos moutons, selon lui *si petits, si faibles, de si mauvais acabit, si rabougris, si abâtardis et dégénérés, etc., etc.*, nous sommes parvenus à avoir, *dans notre pauvre pays*, de beaux sainfoins, de beaux trèfles, de belles luzernes et à proscrire la jachère; ce même fumier fait même à merveille quand nous le répandons sur nos prairies arrosées, et, en vérité, nous croyons qu'il ne le cède à aucun autre en vertu productive.

Nous sommes d'un autre côté très satisfaits, dans notre intérêt particulier, comme dans celui du perfectionnement des laines, de la manière dont la race de Naz est accueillie par nos éleveurs des diverses parties de la France. Si c'est dans sa sollicitude pour le premier de ces intérêts que M. B*** s'inquiète, nous pouvons, en le remerciant, le prier de se rassurer complétement; si c'est par crainte que les bêtes que nous vendons ne produisent pas l'amélioration qu'elles promettent, qu'il veuille bien se rassurer encore : car aucun des nombreux acheteurs des bêtes de Naz n'a, jusqu'à présent, à notre connaissance du moins, manqué son but; nous n'exceptons pas même ceux de ces acheteurs qui, tout en voulant améliorer leurs laines, ont désiré maintenir ou accroître encore la forte branche à laquelle ils tiennent. Le produit de nos ventes est très satisfaisant, nous le répétons, et il est également très satisfaisant pour nous de voir le prix des laines des troupeaux qui suivent nos principes s'augmenter notablement chaque année, d'après l'aveu des propriétaires eux-mêmes.

PARIS, IMPRIMERIE de Mme. HUZARD (née Vallat la Chapelle), rue de l'Éperon, n°. 7.